家居收纳
完全手册

张春红◆编著

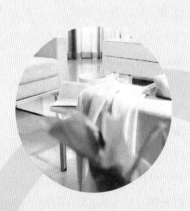

天津出版传媒集团

天津科技翻译出版有限公司

图书在版编目（CIP）数据

家居收纳完全手册 / 张春红编著 . — 天津 ： 天津科技翻译出版有限公司，2020.5
ISBN 978-7-5433-3938-5

Ⅰ．①家… Ⅱ．①张… Ⅲ．①家庭生活—手册 Ⅳ．① TS976.3-62

中国版本图书馆 CIP 数据核字 (2019) 第 115292 号

家居收纳完全手册
JIAJU SHOUNA WANQUAN SHOUCE

张春红　编著

出　　　版：	天津科技翻译出版有限公司	

出 版 人：刘子媛

地　　　址：天津市南开区白堤路 244 号

邮政编码：300192

电　　　话：（022）87894896

传　　　真：（022）87895650

网　　　址：www.tsttpc.com

印　　　厂：深圳市雅佳图印刷有限公司

发　　　行：全国新华书店

版本记录：787mm×1092mm　16 开本　12 印张　120 千字
　　　　　2020 年 5 月第 1 版　2020 年 5 月第 1 次印刷
　　　　　定价：45.00 元

（如发现印装问题，可与出版社调换）

目录 Contents

Part
1

Part
2

Part
3

Part
4

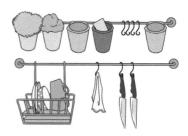

Part
5

Part
6

Part
7

Part
8

书房收纳·
还你一个专注空间

Part
9

Part
10

阳台收纳·
不浪费每一寸空间

Part 1

学会收纳·
让你的生活幸福感加倍

在生活中我们经常会发现，

家里的物品收拾好不到几天，

就会被打回原形，一团糟。

不论你的家是大是小，

总会有零散的物品不知该如何放才好，

总有些物件你会觉得放哪里都不对……

这就是家居收纳的烦恼。

学会收纳，

让你的生活井然有序，轻松自在。

一、什么是**收纳**

　　收纳是一种家居实用技能，需要对空间有很好的三维立体想象力，而不是单纯划出一部分空间来装东西这么简单，要综合考虑通风、采光、视觉感受、生活便利等各方利弊，在充分利用空间收纳的同时，不要对生活环境产生太多的负面影响。

　　收纳同时也是一门技术，合理而富有创意的收纳方式，可以让家居实用、装饰两不误。将收纳变成艺术还是需要花一点心思的，或巧妙隐藏，或艺术排列，或混搭组合，或利用各种收纳筐，总之要打破传统、突破常规。

　　而良好的收纳习惯可以帮助我们建立规范意识，培养持之以恒的态度和逻辑思维能力。其实收纳就是一面镜子，是每个人经验的总结，是熟能生巧的习惯，是你对生活认真的态度。有了这个态度，你就敢于晒出自己的凌乱，晒出自己的困扰，敢于挑战空间、打败凌乱。

二、收纳的关键**位置**

　　收纳可分为硬装和软装两部分，我们把"硬装"和"软装"硬性分开，主要是因为两者在施工上有前后之分。硬装部分要提前筹划好，在装修公司或施工队撤场之前需要全部完成，例如加建的阁楼、地台、吊顶、隔墙、定制衣柜鞋柜等。软装部分则可以等入住后，根据自己的生活习惯来添置和改动。两者都是为了丰富空间，以满足家居的收纳需求。

1.阁楼

在层高允许的情况下，将空间分隔出一个阁楼是小空间常用的增加空间利用率的方法。阁楼可以供人睡觉，也可以收纳杂物，但是过分降低层高会不可避免地造成阁楼下面空间的压抑感，规划好阁楼下的空间使用功能，能有效地解决这个问题，例如放一张写字台和椅子作为工作区。

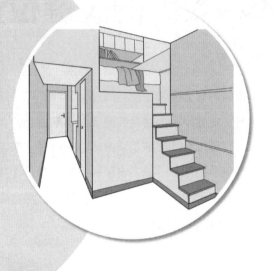

2.地台

地台可以创造大量的收纳空间，地台上方还可以兼作休闲区或睡眠区使用，一举多得。需要注意的是：如果要增加储物功能，地台高度要在40厘米以上，否则最多只能在地台侧面做些小抽屉，不但制作成本增加了，对于增加居室的储藏空间也没有太大意义。

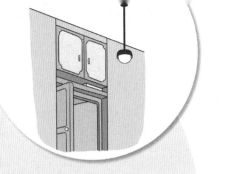

3.吊顶

　　一般的户型设计里都会有一条通道，通往两侧或者尽头的房间。通道吊顶不需要设计得太高，那么我们就可以利用通道做一个吊顶柜，然后从通道两侧或尽头的房间里开一扇柜门，就会得到一个大容量的吊顶柜了。将吊顶改造成收纳柜，一定要从隔壁的房间开柜门，不宜从吊顶底部直接打开，因此这种吊柜需要两个相邻的空间相互配合。

4.隔墙

　　如果对隔音没有很高的要求，可以直接利用柜子来代替隔墙以区分两个空间；有隔音需求的话，可以通过砌薄墙，或者使用安全的隔音材料来解决。这一部分的发挥空间比较大，但也需要更多的创意才能达到更好的装饰效果。

5.储藏室

在空间富裕的情况下，做一个储藏室会使收纳工作变得轻松许多。如果将储藏室用来放置家中杂物，如工具、器皿，或者长期不使用的物件，在设计储藏室的时候，就要根据具体的杂物情况，把储藏室分隔成若干个空间，将轻巧、干燥的东西放在上面的空间，大而重的物品放在下面的空间，不常用的东西放在空间的里面，经常用的东西放在空间的外面。

6.定制衣柜、鞋柜

想要充分利用空间，定制家具是比较常见的方法，可以根据特定的空间，定制完全符合空间尺寸的家具，将空间利用率发挥到极致。

7.软装

　　软装的收纳主要是指各种家具和储物用品的选择，如带收纳功能的茶几、沙发、电视柜、餐边柜、床头柜、衣柜、斗柜、书柜、组合柜、收纳篮、收纳袋等。

　　利用一些闲置空间来收纳的理念也越来越普及，例如椅子方面设计了收纳凳、卡座；桌子方面设计了收纳型的茶几；床方面设计了榻榻米、箱床、撑杆床；而墙上则设计了置物架、吊柜等。还有门后的挂钩、台面的层架等的设计，都能增加收纳空间，不过一定要慎重考虑视觉上是否压抑和生活便利的得失，不可盲目增加收纳空间。

　　最好规划好精细收纳的"蓝图"，怎样最大化利用台面或柜子里的空间，塞进更多的东西又能方便地取出，各种收纳箱、收纳盒、收纳架的合理利用，不仅可以让杂物的归类更整齐，还能充分利用空间，何乐而不为。

三、掌握家居收纳五大**原则**

家居收纳五大原则

1.了解自己和家庭的储物需求，合理规划收纳空间。

2.发掘一切可能的收纳空间。

3.根据储物需求选择合适的收纳方式。

4.掌握实用的收纳技巧。

5.养成良好的收纳习惯。

四、5 种收纳**方法**

所谓的"同类收纳法"就是将相同种类的物品放在一起的收纳方法。例如，将钱包和提包等收纳在同一处；衣物的话，则是将相同种类的单品整理放在同一个位置。这就是同类收纳法。

2.联想收纳法

只要联想其他相似物品的收纳位置，就能找到所需物品的整理方法。使用上有共同点的物品放在一起收纳起来就是联想收纳法。

3.纵向收纳法

将物品竖着放入收纳空间中，相同的空间内能收纳更多的物品，相当于变相扩容。不仅如此，具体收纳的位置也一目了然，方便物品的寻找和使用。

4.抽屉式收纳法

当置物架上的物品上方空出过多闲置空间时，可以将物品放在收纳箱中，再收纳在置物架上，这就是所谓的抽屉式收纳法。这样一来，可以将置物架上的闲置空间减少到最少。在取出或放回所需物品时，只需移动收纳箱，就不会影响到旁边收纳的物品，有助于长时间保持整洁的状态。

5.自由组合隔板收纳法

即使将物品分类摆放，没过几天，你会发现原来收纳好的物品又混在一起了。自由组合隔板收纳法就是用来解决这个问题的。在一个抽屉和收纳箱中放入好几种物品时，可以用隔板将空间合理划分，这样一来就能长时间维持整理后的样子。

Part
2

玄关收纳·
让人眼前一亮的门面担当

玄关面积不大，
但使用频率高。
当我们踏进家门时，
首先映入眼帘的就是玄关，
因此，玄关也好比一个家的门面。
那么，应该如何装修玄关？
怎样收纳才能让玄关看起来整洁大方？
本章将带你一起走入玄关的世界。

一 玄关空间该如何**收纳**

🌿 设立玄关的目的：一是为了增加私密性；二是为了起到装饰作用；三是方便脱衣、换鞋、搁包等。

🌿 如果室内面积较小，玄关处就要做得尽可能简洁一些，装饰过多会造成凌乱感。

🌿 如果空间够大，就可以做全隔断或者半隔断的设计，形成完整的空间概念，不仅可以满足收纳功能，也能起到更好的装饰作用。

🌿 需要注意的是，在充分利用空间的同时也要考虑到空间的通畅性，以及家电、家具等大型物品的进出是否方便，通常门口要留出1.1~1.2米的距离，大件的家具才能进出。而且玄关是交通要道，日常进出频繁，也不能因盲目地增加收纳空间而产生滞塞感。

二、玄关柜的**定制**

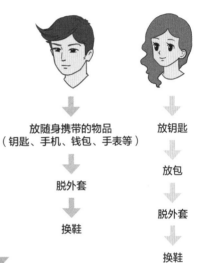

1.玄关需要的收纳功能

想要一个完美的玄关收纳空间，首先要了解自己需要哪些收纳功能。我们的玄关通常要收纳哪些物品呢？我们以穿戴比较多的冬天为场景来模拟一下普通家庭男女主人回家时在玄关中所进行的一系列行为和动作吧。

放随身携带的物品
（钥匙、手机、钱包、手表等）
↓
脱外套
↓
换鞋

放钥匙
↓
放包
↓
脱外套
↓
换鞋

2.初步确定需要收纳的物品种类和数量

根据家庭成员的需求，做一个玄关柜收纳需求统计，不同的家庭可以根据家庭成员的需求来增减内容。

鞋	拖鞋＿＿双，当季鞋＿＿双，童鞋＿＿双，靴子＿＿双，过季需要储存的鞋子＿＿双
雨伞	长柄＿＿把，短柄＿＿把
杂物	钥匙、手表、钱包等
帽子	——
衣服	——
包包	——
运动器材	羽毛球拍、篮球等

3.根据需求合理地安排空间

　　按使用频率分类，将经常使用的物品放置在玄关柜容易存取的地方，比较少用的物品则放置在吊柜的上层空间。如果出门时经常忘带东西，那么可以在玄关柜台面放一个小盒子，收纳一些出门要带的小东西，等慢慢养成习惯后就能避免忘带东西或者找不到东西的尴尬情况发生了。折叠伞、鞋刷、笔记本、钥匙、手帕、剪刀、胶水、手表等都是盒子能收纳的，应该善加利用。

4.按照收纳需求定制玄关柜

　　定制玄关柜是最有效利用空间的方法，在了解自己需要哪些收纳功能以后，你就可以按照自己的需求来量身定做一个玄关柜。通过合理的功能布置，衣帽、鞋子、箱包、宠物链、钥匙、雨具等都可轻松收纳。

　　通常，玄关可以放置工艺摆设、挂画、鞋柜、衣帽柜、镜子、换鞋凳等。设计玄关柜常采用的材料有木材、夹板贴面、雕塑玻璃、喷砂彩绘玻璃、镶嵌玻璃、玻璃砖、镜屏、不锈钢、花岗岩以及壁毯、壁纸等。

受房型限制，玄关不一定都是方方正正的规则形状，可能是直角，可能是圆弧，也可能是带斜角的空间，这种不规则的空间很难买到合适的家具，通过现场定制则可以解决空间的美观问题，又能使空间得到最大程度的利用。

斜角

设计师将玄关处的斜角空间用推拉门做隔断，关上门，就是一个方方正正的玄关，拉开门又是一个收纳功能强大的储藏室，类似户型可以借鉴这种方法。

转角

如果"L"形的墙角空间比较局促，那么做一个转角矮柜是最好的选择，柜子可以当作换鞋凳，方便换鞋。上面做活动盖板，将换下来的鞋收入其中，底部最好挑空，将日常拖鞋隐藏在下面。

楼梯底部

如果玄关的位置正好是楼梯的背面，可以把楼梯下面的空间分为两部分来设计，较高的空间定制一个储物柜，楼梯斜面位置则定制一个可以坐着换鞋又有储物功能的收纳凳，这样既美观又实用。

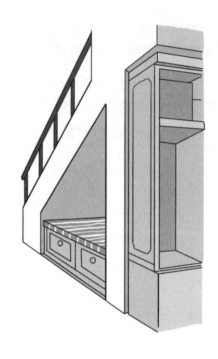

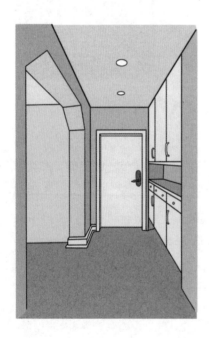

向墙壁借空间

狭窄的过道可以通过挖掉墙面，把柜体半嵌入墙中（非承重墙可嵌入10厘米），做嵌入式玄关储物柜，或者直接拆掉隔墙，用柜子做隔墙，以保持过道的宽敞。

三 巧妙利用玄关布置家具

1.按照空间大小合理布置家具

　　小玄关通常都是呈窄条形的，给人狭小阴暗的感觉。这类玄关只适合在单侧摆放一些低矮的鞋柜，上面的墙壁可以安装一个横杆或者挂钩。如果有需要，就再安装一个单柜来收纳衣服，切忌柜子太多，否则会使本来就狭窄的空间更加局促。最好选用镜面材质做柜门，除了理容的功能外还能从视觉上扩展空间。

　　稍大一点的玄关则可以摆放更多的家具，对比小玄关的布置方

法，可以再摆放一个中等高度的储物柜或者五斗柜，以收纳更多的衣服或鞋子。但是，依然建议保留一些开敞空间，除了可以使空间看起来更宽敞以外，还可以让整体的布置看起来活泼而富有变化。格栅柜门透气性非常好，不易滋生病菌，整洁又卫生。组合柜的好处就是使整个空间看起来更整洁，不易产生凌乱感。台面可以放钥匙、钱包等小物品，非常方便。

如果玄关的空间足够大，就可以做整体储物柜，有柜门的储物空间看起来整齐大气，更能体现出主人的整体品位。如果觉得只摆一组储物柜太过单调，可以再放一个矮凳，既方便换衣、换鞋，也可以增加更多的装饰性。

2.挂钩&吊柜

　　对于生活节奏快的都市人来说，玄关兼当衣帽间的角色很有必要。怎样能创造出既实用又美观的玄关？相信合理运用挂钩和吊柜带来的强大收纳实力会给你极大的惊喜！吊柜设计得当，不但能收纳很多小物件，更是家居设计加分的部分。抽屉式吊柜或者开门式吊柜是最佳选择，许多零碎小物可以分门别类地收存。

　　墙上的挂钩设计颇为万能，不仅能充当临时的衣帽架，使家人和客人进屋后能以最快的速度摆脱束缚，享受轻松，还可充分利用空间。而造型美观的衣架则是挂钩收纳的有益补充。如果能在玄关挂上一面全身镜，相信会使匆忙出门的你感觉到最贴心的安排。

四、鞋子的**收纳**

（1）定期淘汰以控制鞋子数量，建议淘汰不合脚的鞋子以及两年以上没穿过的鞋子，来确定合适的鞋子数量。

（2）经常穿的鞋子放在容易拿取的地方，平常穿的拖鞋最好放在鞋柜下面的挑空位置。不当季的鞋子要分门别类地标记好，分区整理好放在鞋柜的最上层。

（3）根据鞋的高度来调节层板高度，鞋子的平均高度通常不超过15厘米，因此平均层的收纳高度以20厘米左右为宜。

（4）灵活运用工具来增加鞋柜储物空间，例如双层收纳架。

（5）折叠伞、鞋刷、鞋垫可以利用鞋盒码放整齐。

（6）鞋柜的上方可以放一个工艺磁盘或者藤篮，收纳钥匙、手表等杂物。

鞋盒

很多人买回鞋子后都是将鞋盒置于杂物房或直接扔掉，这样不但占用空间，也不符合环保要求，其实鞋盒经过巧妙运用也是一个收纳帮手。

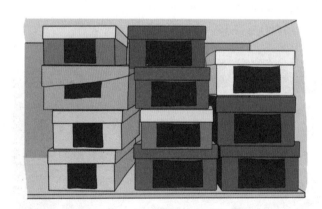

经常穿的鞋子，可以在鞋盒外侧开一个小洞，这样不用打开盒盖，就可以清楚地看见鞋子的颜色和款式，选择起来更容易了。

不常穿的过季的鞋子首先应该依照不同的家庭成员和不同的功能区分开，然后用粗线条的油性笔在鞋盒上标注相应的鞋子信息，比如谁的鞋子、颜色、款式等，这样可以做到一目了然。

透明鞋盒

开放式的收纳空间会因为原始鞋盒的大小不一，摆放起来不够美观，建议更换统一的鞋盒。所以购买时，要考虑好鞋盒的大小，如果鞋子小，试着看看一次是否能放进去两双鞋。透明鞋盒是一个很值得推荐的产品，透明的质地，即使摆很多层，也很容易找到需要的鞋子。透明鞋盒的尺寸和质量都有许多选择，边角有加固的鞋盒在防尘的同时还能有效地保护鞋子不受挤压。

无纺布鞋子收纳袋

无纺布做的鞋子收纳袋，尺寸也有很多选择。它能有效地防尘，但是不能保护鞋子不受挤压，只可以收纳一些过季的单鞋，挂在储藏柜里。

换鞋凳

换鞋凳掀开后可存放鞋子已经不是什么秘密。这种加一个窄窄的层板，正反方向放鞋的方法才是空间增容的窍门所在。

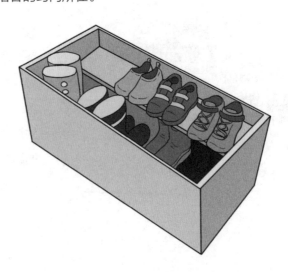

铁艺吊挂收纳架

这种吊挂收纳架的优点是不需要太大的空间，门口转角位置就可以轻松摆放，也可以放置在鞋柜下层，增加鞋柜的存储量，但是也只适合悬挂浅口鞋。

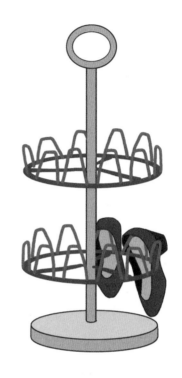

双层折叠鞋架

这种鞋架可以将一双鞋子上下摞起来放，也可以选择加宽的鞋架，上下各放一双鞋子，如此一来就只占以前一半的地儿，确实节省空间。但也只是比较适合浅口鞋和矮跟鞋，如果鞋面过高，会出现挤压变形的情况。

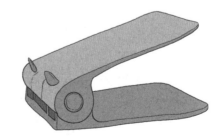

种植式鞋架

如果你觉得鞋盒和传统的鞋柜还是与小小的玄关空间不搭配，那么种植式收纳鞋架会是一个不错的选择。它特别适合收纳女士的高跟鞋、平底鞋以及男士的皮鞋，并且不用保存鞋盒和内部支撑物，更节省空间。这种鞋架也可以放在整体衣柜的下面，根据鞋子的体积来决定支撑杆的安装密度，灵活多变又节省空间。

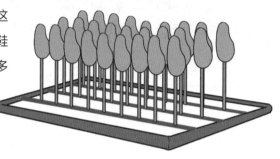

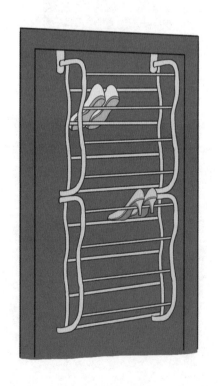

门后收纳架

这种收纳架的优点是能充分利用门后的空间收纳鞋子，可以装在门口也可以装在墙上，收纳量多、经济实惠；缺点是只能摆放比较轻便的单鞋，另外门后空间太窄的话，开门会受影响。

五、雨伞的**收纳**

1.折叠伞

　　折叠伞可以挂在玄关处的挂钩上或放置在玄关柜的抽屉、层板上，也可以在柜子的侧边设置挂钩，把雨伞藏起来，这样玄关会整洁许多。同时还应限定雨伞的数量，每个家庭成员各一把，再为客人预备一两把就足够了。

2.长柄雨伞

　　长柄雨伞最好挂在玄关柜存放雨伞的横杆上，或者雨伞架里。许多家庭都会在玄关放一个衣帽架，衣帽架方便实用、体积小，客人也会觉得比较贴心。有没有想过衣帽架和雨伞架也可以结合起来设计呢？一物多用，既不多占地儿，也没增加多少成本。

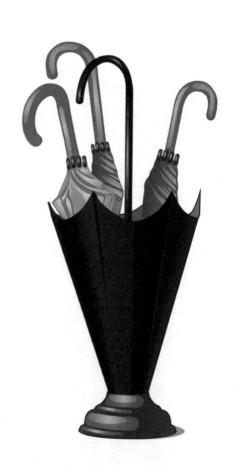

客厅收纳·
打造舒适的会客空间

客厅是一个家庭使用最频繁的区域，
客厅空间布置恰当与否，
直接关系着全家人的生活品质
与整个家的生活风貌。
一个整洁大方的客厅在让客人倍感舒适的同时，
也让家人住得温馨。
因此，客厅往往被视为整个家设计的重中之重，
在布置和收纳方面，
也是最能体现主人生活品位的空间。

一、客厅空间该如何**收纳**

为全家人构建一个温馨实用的客厅可不是随随便便就能做到的事，空间的舒适度与动线流畅度等都是需要注意的细节。现在我们就一起来分享客厅布置的几大法则吧！

1.尽量使客厅看起来更宽敞

在规划客厅空间时，不管是大空间还是小空间，制造宽敞感尤为重要。这种宽敞感可以通过合理的空间布置来达到效果。客厅空间不够大的，在设计上可以结合餐厅的空间做开放式设计，提升客厅空间的使用功能，就算多人聚会时，也可以很舒适。

2.保持空间的连续性

客厅的布置要考虑与玄关、餐厅、厨房的关系，使客厅的空间格局既具有独立性，又与其他空间区域遥相呼应。

3.动线要流畅

从玄关到客厅，或从客厅到其他房间，动线设计合理可以让客厅看起来更清亮、简洁，也可以提升整个房子的使用功能。为了避免对谈话的各种干扰，室内交通路线不应穿越会客区。门的位置适宜设置于室内短边墙面或角落，以便有足够的实体墙面布置家具。

4.充分利用立体空间

传统的客厅布置只是从平面布置的角度出发，新的家居理念应该更多地考虑在墙面的垂直空间上做文章。

二、完美利用客厅的**收纳空间**

　　我们关注玄关的鞋子怎么收纳，关注卧室里的衣服被褥怎么收纳，却往往忽略了客厅也有许许多多的杂物要整理。客厅是我们最常待的地方，因此，钟爱的杂志、文件、文具、水果、零食可能会散落得到处都是。

🌿 **茶具：** 客厅是家庭成员聚集的地方，同时也是待客的场所，那么就需要有搁置茶具的空间，以便能品茗聊天。

🌿 **零食、干果：** 通常我们也会准备一些零食、干果放在客厅，招待客人或者作为看电视时的休闲零食。

🌿 **杂志、报纸、书籍：** 读书越来越休闲化，很少有人会正襟危坐地在书房里读书，我们更喜欢窝在客厅的沙发里，看一本喜欢的散文或时尚杂志。

🌿 **小摆件、收藏品、小盆栽：**客厅通常都会摆放一些能够增加生活情趣的小摆件、收藏品或小盆栽，那么就需要考虑展示这些物品的收纳空间。

🌿 **方便快速整理收纳的空间：**有时候可能突然会有访客，但是客厅却是一团糟，那么最好有一个充足的空间来快速归置杂物。

2.硬装到位，收纳更轻松

　　客厅收纳最重要的两块区域是沙发和电视背景墙。内嵌于墙面里的收纳柜最省空间、最具优势。利用梁柱形成的凹位，现场定制搁板或者收纳柜是最有效的利用空间的方法。规规矩矩的柜体型存储空间，容量大又整齐，适合放一些杂志、书籍或是零食、茶叶。

3.把整面墙利用起来

　　把整面墙都用来做储物柜，在设计的时候要注意通过柜体的大小、平面虚实、颜色深浅进行排列组合。一般在中央的位置放投影或者电视作为视觉的重心，这样既可以让整个墙面显得赏心悦目，又避免了凌乱感。

4.敞开式的搁架

　　贴墙设计的超大容量开放式书柜有意让书成为空间的主角。敞开式的搁架既方便拿取，制作也简单，书籍、装饰品全部都能摆放，还形成一种独一无二的墙面装饰风格。

5.顶吊柜设计

墙面顶部是收纳的好地方，只要选择浅色系的材质做顶吊柜就不会增加空间的压抑感。需要注意的是，已经做了吊顶的空间不适宜做顶吊柜的设计，避免产生头重脚轻的感觉。

6.畸零空间

户型有时候不是那么方正，而如果既想要方方正正的客厅，又不想浪费空间怎么办？有斜角的电视背景墙，在设计的时候就可以做整体电视柜，将不规则的墙面用作装饰柜的方式拉直，后面的空间则用来储物。

三、选好家具是收纳的**关键**

  客厅家具主要包括电视柜、储物柜、沙发、茶几等。想要做好收纳，解决有限的空间和繁杂的物品之间的矛盾，就要合理地选择电视柜、储物柜等大件家具，并充分利用它们来进行物品储藏。同时也可以利用小件的储物工具配合大件家具以增加空间使用率。

  另外，在选择客厅家具的时候，造型风格要统一，质地和颜色要协调，尺寸要和房间的面积相融合，客厅家具摆放不宜过多，密度要适当，才能让人感觉宽敞。

1.多功能电视柜

　　客厅中收纳功能最为强大的家具当属电视柜。当电视承载更多的娱乐、游戏、视听功能时，越来越多的周边产品让客厅显得杂乱不堪。一个功能组合丰富的电视柜把娱乐设备、家电系统有机地组合在一个柜子内，书籍、报纸、杂志等也能全部被囊括在内，这样就能解决多种问题。

2.善用搁板

　　直接固定在墙壁上的搁板是非常常见的收纳工具，沙发后面的墙壁、主题墙都适合安装搁板。搁板的宽窄可以根据空间大小来"量体裁衣"，不同颜色和材质的搁板也可以成为装饰元素，与家居整体环境相搭配。

3.成品吊柜

　　市面上成品吊柜的选择比较多，只要选择和排列得当，不仅能增加储物空间，还能使空间变得更加富有层次感，但是同样需要注意颜色的搭配。另外，有吊顶的空间也不适宜再安装吊柜。这种组合式的格子吊柜，可以根据不同的空间来决定设置的方式，竖过来高低错落地摆放，既实用，又与整体呈横向构图的电视背景形成对比，充满设计感。

4.格子储物柜的妙用

可安置在靠墙处、沙发后面、门边等各种地方，根据需求灵活排列组合。

5.开放式收纳柜

许多收纳柜会故意留白，不设置柜门，这反而给了我们更多的自由发挥空间。对于空间不大的家庭来说，用这种收纳柜最适合不过了。客厅中的这款边柜，下部预留了大片的空间，主人正好摆入收纳桶，将孩子的各类玩具收入其中，这样做方便又整洁。

6.储物型茶几

　　茶几是客厅不可或缺的家具之一，一款具有超强收纳功能的茶几更是保持客厅整洁的好帮手。所以在选择茶几的时候尽量选择带有强大收纳设计的款式，桌面上搁放物品的同时，内部亦可收纳大量的杂物。

7.边角收纳架

　　这种多层的收纳架体积较小，随便一个角落都可轻易摆放。外观简单素雅，极易融入家居生活，也是收纳的好帮手。三边形的设计可以保证盛放物品的平衡稳定性，架上可摆放一些小盆栽或天然材质收纳盒，让你的客厅更加整洁有条理。

四、客厅收纳**小技巧**

1.根据物品功能分类

　　把现有的物品分类，就要考虑物品是做什么用的，是放在电视柜里还是茶几里。要想想放在哪里取用更方便。当然，也可以按使用频率进行分类，分好类才能在收纳的时候让物品"各就各位"。

2.有选择地纳入物品

　　一些不当季的东西就不要摆出来放在客厅，把它们放入储藏室或玄关、卧室的储物柜。一些不实用或两年都没拿出来用过的东西，就下决心把它们处理掉吧，适当的"喜新厌旧"才是聪明的持家之道。

3.分区进行物品收纳

在完成了前期的物品分类、精简等准备工作后，就可以正式开始进行收纳工作了，根据分类把物品分区存放在不同的收纳空间。

4.向墙壁要空间

要想扩大收纳空间，可以向墙壁要空间，不同造型的搁架，内置或外嵌的收纳柜都是不错的选择。

Part 4

餐厅收纳·
营造轻松的就餐环境

餐厅是全家人交流感情及
与亲朋好友欢聚的重要场所，
设计营造一个美观实用、功能完善的餐厅，
是每个家庭共同的愿望。
其实，餐厅不论大小
都有不容忽视的储物潜力，
好好规划餐厅的装修布局
以及掌握合理的收纳技巧，
打造一个轻松愉快的就餐环境。

一、餐厅空间该如何**收纳**

房间太小、餐厅太小，这些都不是真正的问题所在。空间不在于大小，关键是能充分利用。如何在有限的空间里放一张餐桌，摆几把舒适的靠椅？首先要在餐厅的结构上掌握好整体格局。餐厅和其他房间不同，有几种空间布置选择。

🌿 空间足够大的话，最好是设置独立餐厅，即使必须和客厅、厨房共享一个空间，也要通过地面或天花板的处理来形成明确的分区。

🌿 面积比较宽敞的餐厅除了设置餐边柜，还可设置吧台、茶座等，为主人提供一个浪漫和休闲的空间。

餐厅与厨房的位置最好相邻，我们中国人的生活习惯是"饭菜要趁热吃"，所以厨房和餐厅一般都会相隔比较近。但对于中餐的烹饪习惯来说，餐厅不宜设在厨房之中，因为厨房中的油烟大又比较潮湿，无法创造舒适的就餐环境。

餐厅装修最好采用容易清洁的材料，而且造型要简洁，不宜过于烦琐，使人产生压抑感，色彩适宜选用暖色调或中间色调。

从"小处着眼"，一些精致、富有趣味的瓶瓶罐罐不但能装扮餐厅空间，收纳效果也不错。另外，各种精美的餐具也是很好的装饰品，如果能够利用好这些物品，餐厅就会看起来既有情趣，又充满了生活气息。

二. 完美利用餐厅的**收纳空间**

1.定制餐边柜

在餐厅里，除了必备的餐桌和餐椅之外，还可以配上餐边柜，放一些我们平时需要用得上的餐具、饮料、酒水以及一些辅助就餐的东西，这样使用起来会更加方便，同时餐边柜也是餐厅中一个很好的装饰品。

2.利用餐边柜分隔空间

受空间限制，很多户型的客厅和餐厅设置在同一空间内，在设计的时候就需要在中间加一个隔断作为空间的界定，这个时候，餐边柜就成了最好的隔断形式。作为隔断的餐边柜，往往采用半通透的形式，在划分空间的同时，避免造成拥堵感。

内置柜可以充分利用墙面，增加收纳空间。嵌入墙体的落地餐边柜不仅有强大的储物功能，而且比购买的成品家具更容易与整个环境融为一体。

在设计的时候最好分为上柜和下柜，中间半高的台面还可以摆一些日用品，或是常用的电饭锅、水壶、咖啡机、饮水机等，那么使用起来会更加顺手。

靠墙设计落地餐边柜，除了可改善用餐气氛、收纳餐具之外，同时还可以弥补厨房空间的不足。如果想进一步保持空间的整洁，还可以将餐具柜或酒柜设计成隐形的，将酒柜嵌入墙体，再装上推拉门，就可以将一整面墙的柜子给隐藏起来。

4.卡座

　　作为一种新型的装修方式，卡座已经融入家庭装修当中，尤其是餐厅。在餐厅设置卡座不仅能有效解决迷你餐厅、狭长餐厅等户型问题，还能保护墙壁、增加收纳空间。再加上灯具的装饰、抱枕坐垫的搭配，花很少的钱就能打造一个浪漫温馨又充满个性的餐厅。

三、餐厅家具的**选择**

　　餐厅家具从款式、色彩、质地等方面都要特别精心地选择。因为，餐厅家具的舒适与否对我们的食欲有很大的影响。另外，选择一款带收纳功能的餐厅家具，对餐厅的收纳工作也能起到不可忽视的作用。

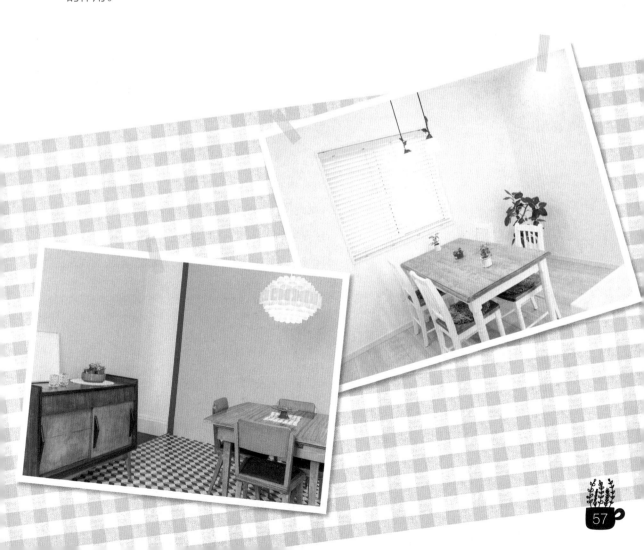

1.选购餐边柜

合适的餐边柜可以提升餐厅的品位。餐厅大小直接决定了餐边柜的形式和大小。餐边柜的高度与宽度没有特定的尺寸，在选购时主要根据整个空间的大小和比例来决定。餐边柜是开放还是封闭也要根据空间来协调。开放的餐边柜可用来展示漂亮的餐厅用品，封闭的餐边柜可放置日常餐具，以避免灰尘的侵扰。

2.折叠餐桌

对于小户型餐厅来说，一款实用的折叠餐桌，不仅小巧美观，可搭配性强，还可以自由折叠，迎合平时用餐与朋友聚餐的双重需要，平日里可以折叠起来，让空间更为开阔。带抽屉的折叠餐桌还可以收纳餐巾、餐具等。

3.搁板

就算餐厅再小，餐桌再小，也依然有发掘空间的可能。我们可以因地制宜地在墙面增添几块储物的搁板，解决小餐厅的收纳问题。下面用餐，上面的小搁板用来放花瓶、相框，或者收藏小饰品，这样的设计新颖别致又实用，用餐时也会有好心情。

厨房收纳·
脏乱差统统不见了

以前，
厨房只是一个做饭的地方而已。
但现在，厨房可是承载了煮妇们
最多的时间和能量的地方，
成为最重要的空间之一。
煮妇们要在厨房消耗这么多的时间，
也就意味着这个空间需要有效安排，
杜绝脏乱差，
还煮妇们一个干净整洁的烹饪环境！

一、厨房空间该如何**收纳**

🌿 便利性是厨房收纳最大的原则。最常用的物品应集中摆放在双眼到双膝之间的范围，不常用的则放在柜子上层和底层，根据操作时的顺序来进行收纳，可以提高效率，且更易保持清洁。

🌿 吊柜最上面放不经常使用的物品，收纳时要结合收纳篮或收纳盒进行分类收纳。吊柜下层取放比较方便，最好放一些经常使用、重量又比较轻的物品。

🌿 灶台下的橱柜受炉火的影响，温度比较高，最好不要摆放容易变质的食物，最适合摆放经常使用的餐具，也比较方便拿取。

🌿 水槽下面和两侧的地柜不宜存放米面，因为水槽下面的地柜湿度最大，其次是紧贴水槽两侧的地柜都不宜存放易吸潮变质的物品。

🌿 柜门的内外两侧都可以安装挂钩收纳物品，一定要注意悬挂的物品的形状和厚度，不能影响柜门的开关。

🌿 添加开放式搁板，可充分地利用空余墙壁和墙角。

🌿 细小器物最好分类摆放，找起来才更方便。

🌿 最好使用同系列的透明收纳容器，这样既能够清楚地看到里面是什么东西，还能创造整体感。

🌿 "重叠式"收纳，就是使用可以叠放的收纳篮，或在垂直的空间里增加层架，采用上下叠放的摆放方式来增加空间利用率。

二、厨房收纳**分类**

　　厨房是收纳的重灾区，各种厨具、餐具、瓶瓶罐罐都让人手忙脚乱。厨房必不可少的收纳家具是橱柜。但是要想合理地利用橱柜空间，让所有的物品都各归其位，首先我们要对厨房需要收纳的物品进行分类整理，这样厨房才会变得有条理，找起物品来也更加方便。

1.锅

　　收纳位置：灶台下方的抽屉柜、转角柜、水槽柜、开放层架。

　　中式厨房最常用的炒锅、汤锅、高压锅，又大又重，因此最好摆放在承重能力和空间都比较大的地柜。不经常使用的锅，可以放在较隐蔽的位置，如转角柜。

　　各种类型的锅，各自单放占用的空间很大。最好将锅与锅盖分开，不同的锅按照锅体形状从大到小叠放，锅盖则按照由小到大的顺序依次叠放，或者利用锅盖架竖着挂起来。

2.调料、小灶具

收纳位置：墙面挂杆、吊架、抽屉。

利用墙面加装挂杆和"S"形挂钩，或者加装层板，即可悬挂锅铲、汤勺、纸巾、抹布等，"一"字排开更方便随手拿取。组合式的收纳架还可以收纳各种瓶瓶罐罐的调味品。

3.碗盘

收纳位置：地柜抽屉、吊柜与开放层板。

餐具不受温度、湿度的影响，摆设范围较广，吊柜、地柜都适宜，但瓷器餐具因为较重，仍然建议收纳在地柜。现在的餐具的设计也越来越精美，利用开放式的层板存放还能增加厨房的设计感。

4.刀具

收纳位置：墙面挂杆、刀架、台面下的第一层抽屉。

刀具比较锋利，易造成危险，收纳的时候需要特别注意，有小朋友的家里最好把刀具做隐藏式收纳。

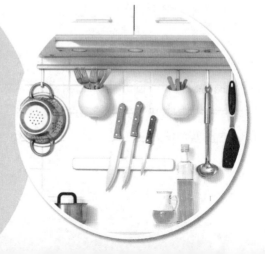

5.杂粮、干果

收纳位置：层板、吊柜、转角柜、立柜。

杂粮、干果需要干燥、阴凉的收纳环境，灶台和水槽下面的柜子显然不符合要求。最好使用不同尺寸的密封盒或透明收纳盒来分类收纳。如果不想特地去买收纳盒，我们可以利用各种空的饮料瓶。这些瓶子密封性好、容易排列、拿取方便，同时又省却了各种塑料袋，更加环保。分类收纳的好习惯一旦形成，橱柜这块地方就能收拾得赏心悦目。

6.垃圾

收纳位置：水槽附近。

厨房垃圾收纳分为最普通的外置式、台上式和隐藏式。台上式一般是水盆附带的，但是容量比较小。隐藏式有两种，一种是拉开门可以旋转出来的，一般放在水槽柜内，比较节省空间；一种是斜拉式，比较方便，但是占地方。

三、厨房之橱柜**收纳**

1.定制橱柜

　　很多人都觉得橱柜设计并不需要自己操心，找橱柜公司的人量尺寸定做就可以了。但是如果这样随随便便做个柜子，日后使用的时候一定会遇到很多问题。在设计橱柜之前，我们首先要对橱柜的设计原则和自己的使用习惯做一个充分的了解，才能定做出一款合意的橱柜。

　　现代厨房的设计趋势是整体橱柜，但整体橱柜一般适用于较宽敞的大厨房。对于小户型来说，要想让小厨房也有整体橱柜的方便性，就要合理地利用一切可以利用的空间，让小厨房变"大"。

　　洗涤区、烹饪区和备餐区是一定要有的。而从人体工程学来说，烹饪区至少保证有90厘米宽，才方便使用，洗涤区最好比烹饪区更加宽敞，而备餐区需要备菜切菜，最好能保证有60厘米宽，使用起来才会舒适。

（1）烹饪区

避免设置在窗户边，以防风吹熄灶火，可考虑把烤箱和炉灶置于操作台面附近。

（2）洗涤区

水槽也不能离炉灶太远，我们经常需要清洗炒完菜的锅，倾倒煮烫食物用的热水。另外，把冰箱安置在水槽边，可方便清洗食材。

（3）储物区

要确保有足够的储物空间来储存食物、餐具、厨具，把操作台设置在冰箱或高柜边上，使用起来才会更加方便。

（4）"黄金工作三角"

厨房的一切活动都是围绕炉灶（烹饪）、水槽（洗涤）和冰箱（储物）来进行的，所以炉灶、水槽和冰箱都要放在合适的位置。最理想的便是"三角形"排列，并且三者距离不宜过远，最好一切物品都能触手可及，这就是厨房专家所讲的"黄金工作三角"。

2.常见的厨房布局

（1）"一"字形

把所有的工作区都安排在一面墙上，这种布局通常用于空间不大、走廊狭窄的情况下。所有工作都在一条直线上完成，能节省空间，但工作台不宜太长，否则会降低效率。在不妨碍通道的情况下，可在墙面上设置一块能伸缩调整或可折叠的面板，以备不时之需。

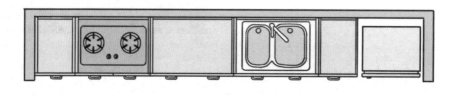

（2）"L"形

将清洗区、备餐区、烹饪区三大工作中心，依次配置于相互连接的"L"形墙壁空间。最好不要将"L"形的一面设计过长，以免降低工作效率，这种布局能最充分地利用墙角，应用比较普遍且经济。

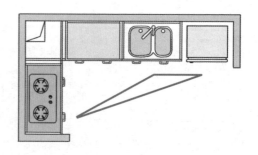

（3）"U"形

如果厨房很大，那么"U"形布局最理想，它能提供更多的储物空间。在设计的时候，水槽最好放在"U"形底部，并将备餐区和烹饪区分设两旁，使水槽、冰箱和灶台连成一个正三角形。"U"形之间的距离以120~150厘米为宜。

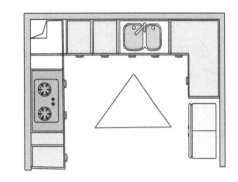

（4）走廊形

将工作区安排在两边平行线上，便于准备食物，两边都能提供工作和储物区域，这种布局不需要太大的空间。在工作中心分配上，通常将水槽和操作台安排在一起，而烹饪区单独设在另一边。

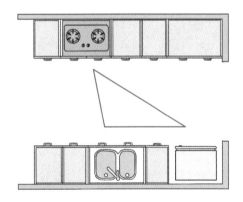

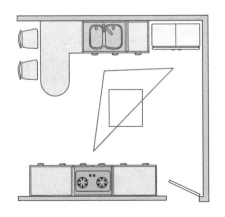

（5）变化形

这种布局根据四种基本形态演变而成，更加灵活，可以根据空间和个人喜好进行创新，但需要较大的厨房空间。

3.橱柜分区整理和收纳

橱柜是厨房最基本的收纳家具，主要包括立柜、吊柜、水槽柜及抽屉柜，在厨房收纳工作中起到关键性的作用。宽大的内部空间能把任何杂乱的用具都藏在里面，还你一个整洁的厨房环境。

（1）立柜

立柜是真正的储物高手，因为体积大，所以烤箱、微波炉等电器也可以嵌入其中。柜子的高度可以按实际需求设计，但要结合排风、排烟等技术原理。立柜可以作为储藏柜使用，不太常用的物品都可以收纳进来，既节约了空间，又使厨房显得整齐利落。但是立柜的整体造价相对较高，若按米计价，比吊柜加地柜的总价还要贵，而且立柜对安装位置的要求比较高，一般只有一面墙可以做橱柜的厨房，为了不显得拥堵，尽量不要设计立柜。而两面或三面墙都有足够地方可以安装橱柜的厨房，在最窄的墙面设计立柜比较合理，也可以安装在较宽墙面的一个角落里。

（2）吊柜

许多家庭会觉得吊柜太高，拿取物品不方便，并不实用。因此，吊柜底部一般要设计在离地1.45米左右，使用起来最舒服。这个高度的吊柜下层空间可以被充分利用，上层空间可以用来存放不常用的物品。

吊柜的下层要充分利用，可以放常用的调料，也可以放经常用的碗碟，重量相对较轻的锅也可以放在吊柜下层。易碎的物品最好放在高处里侧，这样即使小朋友顽皮地打开了柜门，也不怕杂物掉下来会受伤。

水槽上面的吊柜下部做一个沥水架，碗盘洗完可以直接放在上面保存，这样沥水、存储能合二为一。

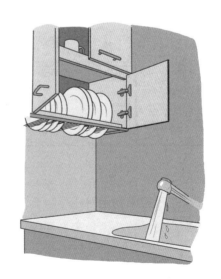

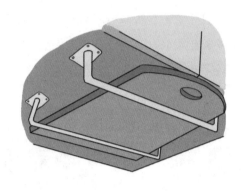

调料瓶也可以放在吊柜的底部，可以买配套的调料瓶和轨道，也可以收集空的调料瓶，最好是带金属盖的玻璃瓶，把盖子用螺丝固定在吊柜底部，把调料装在玻璃瓶里，拧上去就可以了。

菜板容易发霉，需要在一个通风的地方存放。如果没有菜板架，在吊柜下面装上两根平行的挂杆，菜板收纳的问题就能解决了。

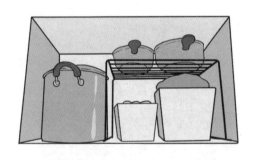

如果觉得空间利用得还不够充分，我们可以通过一些小工具来增加柜内收纳空间。

在吊柜门里侧下部安装一个收纳架，放一些常用的调料，这种分类更加细致，找起来也更方便了。

不少人每天都要用保鲜膜、保鲜袋，但在抽屉里取放总觉得不太方便。用不粘胶挂钩在柜门上做一个简易的搁架，把保鲜膜和保鲜袋装在柜门上，要用的时候，一只手就能轻松搞定。

（3）地柜

灶台下地柜

灶台下还有大量的空间，如果不设计一个地柜充分利用空间就实在是太浪费了，但是由于灶台下温度比较高，一般不要存放食物，比较适合用来收纳厨房里的锅碗瓢盆。建议将锅盖单独存放，这样就可以把更多的锅摞在一起，以增加收纳量。

灶台下的收纳柜比较深，我们可以用滑轨拉篮，也可以利用带轮子的收纳箱，这样最里面的空间利用起来就轻松自如了。

水槽下地柜

水槽下的收纳柜也有很大的收纳潜力，需要我们想办法多加利用。但是水槽下面是最潮湿的地方，不适合放食品和电器，而适合放锅、金属盆等可以水洗的厨房用具和洗涤用品。直接在柜子里存放锅等炊具会浪费柜子上部的空间，可以用搁架把上下的空间隔开，分层利用。

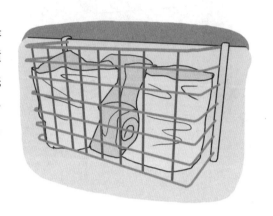

装食物的塑料袋，如果直接丢弃既浪费又不环保，在柜门内侧安装一个篮筐，把闲置的塑料袋塞在里面，可以装厨余用料，进行二次利用。

（4）抽屉

抽屉将下层储物空间进行了分层，一个地柜被分解成几个抽屉，这样可以减少拿取物品时弯腰的次数和幅度，让家里的"大厨"操作起来更省力。

抽屉造价比地柜要高，普通家庭只放日常用的碗、盘，那么做3~4个抽屉就足够了。底层抽屉可做高一点，炒锅、汤锅、平底锅等都可以放在里面。

充分利用好橱柜的抽屉，可以让厨房更加整洁和干净。按照空间的大小选择合适的收纳盒，或者用吃完零食剩下的小盒子、小篮子来分隔空间，整理起来就会更加轻松。

硬纸壳、纸箱在经过裁剪、组合之后，放在抽屉里用于收纳，可以把同类物品放在一起，这样空间利用将会更充分，找起来也一目了然。

（5）台面

橱柜台面也是我们收纳的一个重点。台面的收纳可以借助各种功能的收纳架来完成，例如水槽边上摆放一个沥水碗盘收纳架。厨房小电器也可以用收纳架整理好，放在台面上，第一层放微波炉，第二层放电饭煲或者榨汁机。收纳架的旁边还可以配上几个挂钩，用来挂勺子、铲子等。

（6）墙面

　　厨房里有些工具几乎每次煮食都要使用，如铲子、勺子、调料、保鲜膜……放在橱柜里用起来觉得麻烦，直接放在台面上又太杂乱。各种功能的墙面挂架是最实用、方便的储物工具。只需有挂杆和"S"形挂钩就可以实现墙面收纳，勺子、铲子、刀具、抹布，甚至还可以搭配一两盆小绿植点缀一下厨房，让我们炒菜的时候也能多一份好心情。

　　搁板在厨房装饰中随处可见，它几乎可以安装在任何地方。搁板长度可以根据空间大小来调整，满足空间和储物的需要。

　　多孔金属板的收纳功能就更加强大了，它可以把整个墙面都利用起来，利用配套的挂钩，想挂哪里就挂哪里。

（7）其他

　　厨房的空间有限，不可能在有限的活动空间里再增加固定的收纳设施，因此如果有需要，可以增加一个活动的收纳柜。

　　轮滑式收纳柜，移动自如，不用的时候可以随时移走。下面可以存放当天要用的蔬菜，上面还可以用作临时的操作台。

四、厨房之冰箱**收纳**

1.冰箱的收纳原则

　　冰箱是厨房里的另一个储物高手，也是我们日常生活中不可缺少的电器，各种需要保鲜的食物都要放在冰箱。冰箱里没有秩序可不行，不仅放不了多少东西，还会滋生怪味。

🌿 首先，冰箱储存的东西一定不能随手乱放，要做到心中有数、分类收纳。相同食品摆放的时候，一定要从里到外依次摆放，让人一眼就看出摆的都是哪些种类的食品。

🌿 冰箱抽屉里的物品最好竖着放，有标签的一面向外，这样我们就可以马上找到想找的东西了。

🌿 饮料、酒水等瓶瓶罐罐最好放在冰箱门架上，不占空间，整齐好找。

🌿 最好购买一套质量好、大小不一的保鲜盒，保鲜盒密封性好、不容易串味，最重要的是保鲜盒摆放的时候可以叠起来，既省空间，看起来还美观。

需要冷冻的食物，如肉、排骨、鱼等，如果整块放入冷冻室会比较占空间，尽可能地把食物切成块状存放，一来省空间，二来解冻也快。

如果是吃剩的食物，倒在保鲜袋里储存，会比用盘子储存更省空间，还可以叠放。

消耗量较大的食物可以存放在冰箱的最上层，找的时候方便。

冷藏食物的时候一定要注意时间顺序，保质期最长的一定要放在后面，食用时要注意从前面开始拿取食材。还可以用小磁铁在冰箱上粘一张小纸条，上面标明食品的种类、数量与保质期等，在补充食材前看一下，可以避免重复购买。

（1）冷藏室隔板

一般来说，对开门冰箱的隔板至少有4~5层。从最上面一层隔板开始，按顺序将保鲜食品，例如每天要吃的小菜、泡菜、甜品食材、多余的蔬菜，以及鸡蛋盒子依次放入，收纳起来比较便利。将无法装桶的食材放入收纳篮筐中整理，不仅拿出来很方便，食材也不会混在一起，不管什么时候，都能维持干净整齐的状态。

收纳方法：

①将我们平时爱吃的老干妈、拌饭酱、腌渍菜等保鲜食品贴着冰箱墙面纵向摆放在第一层隔板上。不要在隔板中间再摆放其他食材，这样方便食材的取放。

②将每天都吃的小菜，还有自制的卤牛肉、辣白菜等的存放容器，要放在第2~3层收纳起来。

③将速食材料，如果酱、黄油等食材按各自类别竖着放在收纳篮筐中，再放置在下一层隔板上。

另外，将多余的蔬菜、鸡蛋等食材放在最下一层隔板上保存起来。

（2）冷藏室抽屉

抽屉是非常有用的收纳空间，连放在最里边的物品都能一目了然，轻松取出。

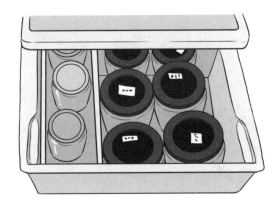

收纳方法：

①在第一个抽屉中，收纳那些体积大、重量重的酱类和调味汁瓶罐。

②将收纳篮放在第二个抽屉中，再将蔬菜放入收纳篮中。

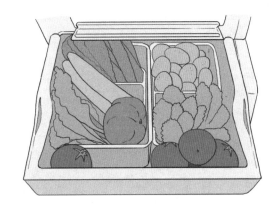

（3）冷藏室门板

冷藏室门板位置的温度相对来说比较高，因此适合放一些快消、经常使用、不易变质的食品。

收纳方法：

①将调味汁、芥末等放在冷藏室上层的隔板上。

②将饮料、牛奶、芝士等乳制品收纳存储在专门的存物格中。

③将瓶装的调味汁按照高矮顺序放在最下一层隔板上。

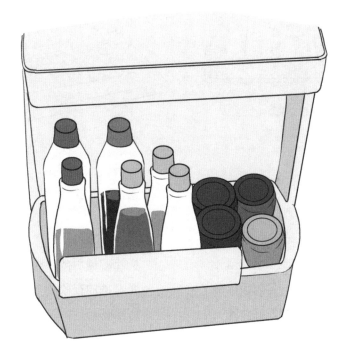

 Tips

　　一些不好竖立的食品，如芥末管、芝士片等，可以制作简单的小收纳盒子，再将这些食品放在小盒子里。

（4）冷冻室隔板

冷冻室一般存储冷藏室存储不了的、需要低温保存且保存时间长的食品，如菜干、坚果、年糕、饺子等。

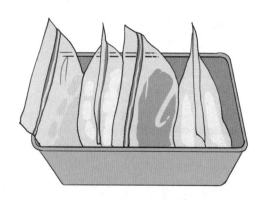 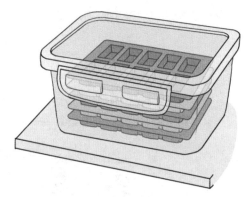

收纳方法：

①将菜干、坚果放在拉链保鲜袋中，再将保鲜袋分开放在两个收纳篮筐中，将篮筐放在最上面一层隔板存放起来。贴上标签后，将经常需要取出来的放在隔板前方，靠里的位置放那些不经常取出来的食材。

②将饺子、包子等面食取出一次吃的量后放入拉链保鲜袋中，再竖着插放在收纳篮筐中，放在第二层隔板上。

（5）冷冻室门板

　　使用频率低的食材放在上层和最下层的隔板上，而经常使用的则收纳在中间隔板上。同时，将收纳的食材装在玻璃瓶或透明容器中，使用起来会很方便。另外，冷冻室内外的温度差异会让容器表面蒙上一层水汽，导致无法区分容器中保存的食材。所以，在需要放入冷冻室的容器瓶上贴上标签，方便区分。

收纳方法：

　　①将使用频率最高的煮汤材料，如紫菜、干虾皮等放在长方形的容器中，再将容器放在取放最便利的中间隔板上。

　　②调味料按照种类不同，分别装在玻璃瓶中，再将玻璃瓶放在上层或下层的隔板上。

　　③将五谷杂粮等放在玻璃瓶中存放。

（6）冷冻室抽屉

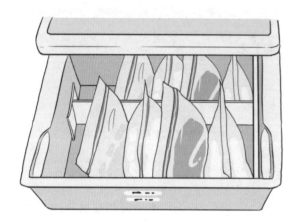

将肉和海鲜放在冷冻室抽屉里，这样不会受开关冰箱造成的温度差的影响，一直保持新鲜。

收纳方法：

将海鲜和肉装在拉链保鲜袋中，再竖着插放在收纳篮筐中，将标签贴在抽屉的正面。

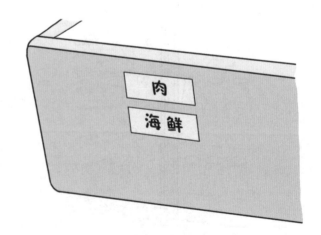

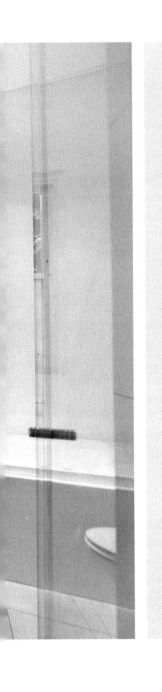

Part
6

卫浴收纳·
干爽整洁其实并不难

沐浴用品、清洁工具、毛巾、

卫生纸、洗漱用品、吹风机、剃须刀……

从哪里入手呢?

卫浴空间虽小,

却出人意料地放了很多东西。

这就要灵活运用看得见和

看不见的收纳空间了,

下点功夫,给点耐心,

你的卫浴一定会让人眼前一亮!

一 卫浴的设计**原则**

🌿 干湿分离。卫生间干湿分离，不仅能提高安全性、节省清理时间，还能错开家中成员使用卫生间的时间，提高使用率。干湿分离主要有完全分离、半分离两种形式。完全分离适用于空间宽敞（6平方米以上）的卫生间，半分离适合较小的卫生间。

🌿 做好防水。花洒两侧墙面要做到1.8米高的防水，以防止水浸透墙面，造成墙面发霉。而干区只要做从地面起30厘米高的防水就可以了。地面则要全面做防水。

🌿 保证安全。地面应选用防滑材料，以免沐浴后地面有水而滑倒；要选用有防水功能的插座和开关；通风要好，以免使用燃气热水器沐浴时发生一氧化碳中毒；摆设应尽量简单，让地面上少些牵绊和阻拦；最好在沐浴房中安装扶手，同时还应配有防滑垫；洗完澡要及时将卫生间的地板擦干。

🌿 卫生间的门锁最好采用里外都能打开的两用型门锁，防止家里的小朋友自己反锁在里面，或者出现其他意外情况时能及时打开门施救。最好设置一定高度的门槛，门与地面的空隙可以留大一点，有利于通风。

二、卫浴空间**大开发**

1.卫浴功能和对应的收纳物品

如厕	卫生卷纸、卫生清洁用品、洁厕剂等
洗漱	牙刷、牙膏、洗手液、洗面奶、卸妆油、剃须刀等
梳妆	化妆棉、爽肤水、面霜、面膜、梳子等
沐浴	洗发水、沐浴露、护发素、浴巾、吹风机等
洗衣	洗衣机、洗衣盆、洗衣液、脏衣篮等

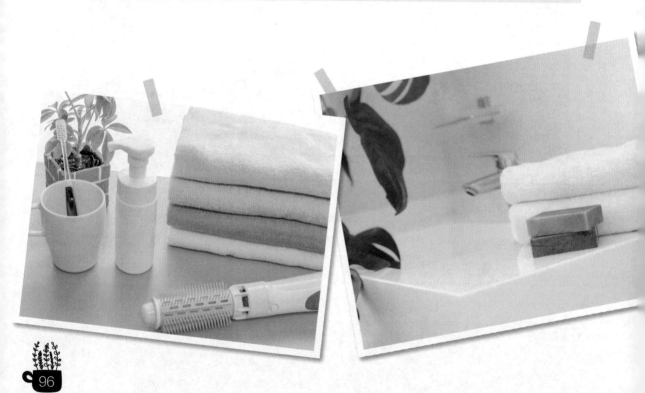

2.洗手盆周边空间利用

如果卫生间面积较大，可以定制或者购买大容量的浴室柜。浴室柜主体结构包括：主体柜、镜面吊柜、台盆和台面。通过合理的设计，浴室柜可以收纳不少零散的物品，那些难以装点的墙面和死角也能被充分利用，收纳之余还具有装饰效果。

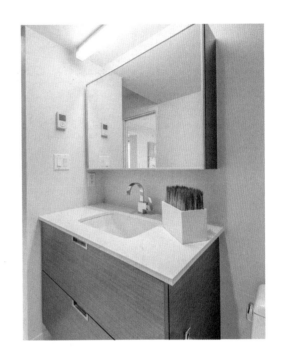

（1）定制浴室柜

根据卫浴的面积大小及结构特点，定制大小合适、设计合理的浴室柜，将各种洗漱用品、化妆品藏在里面，可以给人以整洁清爽的印象。另外，一些备用的浴巾、毛巾、纸巾，还有洁厕剂等物品，也可以分类放入其中。

（2）转角台盆和台盆下面做收纳层板

小空间更应该灵活利用，将台盆设置在卫生间的转角处，利用弧线一样可以打造出紧凑空间的宽敞感。

虽然是紧凑的弧形台盆，下面的空间一样可以做收纳，按照台盆的弧度，在下面做一个层板架，可以收纳毛巾、洗漱用品和护肤品。

（3）台面延伸

由于空间局限，或生活习惯的影响，很多家庭还是会选择把洗衣机安放在卫生间，如果正好挨着洗手盆，不妨把洗手盆的台面做延伸设计，这样既能防止水花溅到洗衣机上，还多了许多置物空间。

（4）台盆下面空间利用技巧

打开柜门里面不能乱糟糟的，我们可以买些便宜的塑料篮，把小罐的清洁剂集中起来，一些零碎的物品也可以收在盒子里。备用的补充包放在最内层，已开启的清洁剂放在最前面，准备打扫时就很好拿取，不会发生拿了这瓶碰到那瓶的状况。另外，水槽柜里面也可以加装层板来提高空间利用率。

3.好好利用马桶上方的空间

马桶的上方也有一大片可以利用的空间，可以用防潮材质定做一组吊柜，也可以钉几块层板，还可以购买现成的高脚置物架，不仅不会影响马桶的使用，还能增加许多储物空间。

卫生间也有许多平时没有关注到的空间可以开发利用，例如梁和柱形成的凹位，天花板下面的空间。如果是主卧套间内的干湿分离的卫生间，甚至可以将整面墙做收纳柜，让主卧卫生间和衣帽间合二为一。

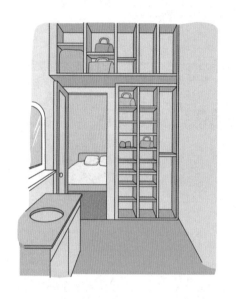

（1）利用凹位

装修卫生间的墙面时，必须充分考虑所有墙面可以利用的空间。卫生间通常都有由梁和柱形成的凹位，不妨采用嵌入式的方式，做一个实用的壁龛，可以贴瓷片，也可以采用防潮防腐的木材来制作，最好做分层设计，以增加储物空间。顶上装一盏射灯，放一盆绿植，卫生间也可以温馨浪漫又别致。

（2）屋顶收纳柜

墙壁、地面各种空间都利用完了，收纳空间如果还是不够，这时我们还可以利用高处的空间。定制在高处的收纳架，可以释放出不小的收纳空间，极少使用的物品都可以往上藏，如果觉得不美观，外面可以用一层漂亮的浴帘遮蔽起来。

三、卫浴收纳**小道具**

　　卫生间里零散的小物品很多，洗手液、沐浴露、护肤品、浴巾等，如果这些小物品不能按功能分类收纳好，不仅会让卫生间看起来很凌乱，还不能轻易地找到自己需要的物品。如果能增加一些收纳小工具，将卫生间里的用品分类收纳，这些问题就都能迎刃而解了。

1.收纳篮

如果家里的卫生间很小却设置太多的储物柜，就会影响卫生间使用时的舒适感。这时我们可以利用台盆下面的空间放置藤编收纳篮，将卫浴用品放在这里。不过同样需要注意干湿分离，否则毛巾、纸巾等肯定是要受潮的。

2.毛巾架

多层的设计让我们一次能挂上三四条毛巾，满足全家人的需要。而电热毛巾架不仅能用来收纳物品、局部加热、烘干毛巾，还可用于房间取暖。在小空间内使用，它甚至可以替代大功率的取暖器，特别适合阴雨、潮湿的南方地区。

3.挂钩、搁板

对于空间狭小的卫生间而言，利用好每一寸空间都是必需的，我们还可以用挂钩进行收纳。挂钩不占地儿，特别适合挂在浴室里，收纳洗浴用品。而搁板由于尺寸较好控制，可以量身定制，更适合在一些畸零空间使用。

4.墙面收纳柜

墙面收纳已经成为空间扩容的一种趋势。除了层板、搁架可以安装在墙面上以外，这种看起来美美的小吊柜也已悄悄爬上了墙，这些小东西会在你第一眼见到时，就让你心动。

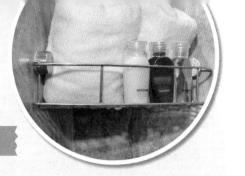

5.铁艺挂篮

不锈钢的材质适用于存放浴室清洗用品，安装选择的余地较大，各种空间都可以利用。无论是墙面、墙角、卫生间门后，还是柜门后都可以安装，不仅能更充分地利用空间，还有助于物品的分类存储。

6.纸巾架

马桶边上的纸巾架通常都是圆形或者弧形的，只有存放纸巾一个功能，不妨稍微变通一下，做一个方形的纸巾架，除了放纸巾以外，还能放几本随手翻阅的书籍。

7.收纳架

如果有合适的空间，放一个收纳架也特别实用，毛巾、浴巾、换下来的衣物，统统可以轻松搁置。

卧室收纳·
环境好睡眠也好

卧室是人们休息的主要场所，
也是家里最温馨的地方，
井然有序的卧室才能给人带来
最舒适的居住感觉。
想要卧室整洁舒适，
同时又能合理地收纳物品，方便取用，
则需要根据卧室的实际情况，
充分地利用空间，巧妙收纳，
才能拥有一个舒适的睡眠环境。

一 卧室空间规划

在装修卧室之前，首先要对卧室空间有一个整体的规划，包括对卧室功能区域的划分和其对应的家具所占的空间做整体考量与统筹安排。

面积考量
卧室的空间是有限的，必须根据空间的大小，做出合理的规划。

功能需求
以前简单的功能布置已经不能满足我们的日常需求，我们需要一个多功能的卧室，了解自己的需求才能合理地分配看电视、读书、收纳、梳妆、摆放婴儿床等空间。

功能划分
对于一般人来说，卧室中最基本的功能是睡眠、收纳、梳妆，其他可能的功能有娱乐、学习等，这就要住户根据不同的需求进行功能的自由组合了。

二 睡眠区**收纳**

卧室中最主要的功能区是睡眠区。睡眠区的主要家具是床，床的两边通常都要设置床头柜，并且设置良好的床头局部照明光源，以满足床头阅读的需要。

1.床头

床头是一个很容易被忽视的地方，其实床头也有很多空间可以利用，无论是量身定制的带有收纳功能的床头收纳墙，还是床头柜，都是非常不错的床头收纳空间。

睡前阅读是许多人的习惯，在床头设计一个书架，或者钉上几块木板，放一些喜欢的书籍或者相框，方便实用，还有很好的装饰作用。

如果卧室空间实在太小，可以定制衣柜与床一体的榻榻米，省却了通道的空间，衣服和小物品也有容身之处了。

床头柜可以摆放各种物品，台灯、杂志、纸巾、手机等，所以选择一款心仪的床头柜也是做好床头收纳的关键。如果只是放少量物品，可以选择带单层抽屉的床头柜，将耳塞、手机、护肤品等小件物品放进抽屉。如果要放的东西很多，最好选择带有多层收纳架的床头柜，让书籍、杂志、耳机等物品都可以放到架子上。

2.床底

床头这些零碎的空间都被如此重视，床下的整体收纳空间就显得更加重要了。

可以掀起的床架是小户型业主的最爱，因为床有多大多高，里面就有多强大的收纳空间，可以用来收纳较少使用的换季衣服、棉被、床单等物品。为了更充分地利用床下的空间，我们甚至可以增加床底的高度，以便收纳更多的物品。

如果床架下面没有设计抽屉，那么在床下摆放一个置物筐，将小物件收纳其中，拿取也十分方便。

3.床尾

床头、床尾空间都得到了合理的利用，怎么可以不介绍床尾空间的利用方法。

如果卧室比较狭长，且床尾正对卧室门，可以在床尾放一个格子收纳架，放一些书籍和小装饰品，这样既增加了收纳空间，又保证了卧室的私密性。

除了选择床尾带抽屉的床，还可以在床尾加一个脚凳，让卧室有更多可以休憩的地方，脚凳下面还可以做成收纳柜、抽屉，或者是开放式的格子，通过搭配储物筐来收纳一些杂物。

三、衣柜区**收纳**

如果说床是卧室空间的第一主角，那么各式各样的衣柜和储物工具就是不可或缺的最佳配角了。定制衣柜最大的优势是能充分合理地利用空间，使功能设计更人性化。

1.定制衣柜注意事项

无论是整体衣柜还是开放式衣柜，它们在房间中的位置和内部结构都要根据空间和自己的生活习惯来设计，例如，习惯熨烫衣服的家庭，可以将熨衣服板嵌入衣柜中。

★ 衣柜属于大件家具，它的安放位置直接影响了卧室的整体空间布局，定制衣柜前首先要规划好空间。

★ 卧室的大小、结构在很大程度上决定了衣柜的尺寸和柜子内部空间的结构，为了增加衣柜的容量，可以在装修设计的时候适当改动房间格局。

★ 设计衣柜的时候还要考虑电源、网络的布线，因为有时候衣柜需要和梳妆台、电视柜、书桌等组合起来设计，另外还要考虑空调位置。

★ 如果遇到梁和柱子等特殊障碍物，可以根据梁和柱子的形状用木板把梁和柱子隐藏起来，和衣柜形成整体，达到美观和实用的统一。也可以根据实际情况设计成可叠放小件物品的搁板，作为包包、帽子、领带等专属地。

★ 挂短衣或套装的柜体高度不低于80厘米；挂长大衣的柜体高度不低于130厘米；抽屉的高度不低于15~20厘米；叠放衣物的柜体，以衣物折叠后的宽度为标准，一般宽度在33~40厘米，高度不低于35厘米；衣柜顶部的柜体通常都会用来放置棉被等不常用的大件物品，高度最好不低于40厘米。

卧室面积小，但是衣服、杂物却很多，买一个大衣柜，房间放不下，但衣柜太小了，衣服又放不下。房间的大小没法改变，那么我们就只能想办法去利用可以利用的空间来扩大存储量了。常用的扩容方法有两种：一种是向窗户借空间，围绕窗户定制衣柜；一种是向墙面借空间，将衣柜镶嵌在其中。当然，此项工作必须由专业的设计和施工人员进行，不然可能会影响到自己房屋的结构安全。

只有靠窗的一面墙可以用来做衣柜，但是又不能影响采光，我们可以围绕窗户定制一个衣柜。窗户和衣柜形成的台面还可以做书桌或者梳妆台。

定制衣柜可以利用一切能够利用的空间，卧室门上方的空间也不例外。靠近门口的柜体可以做成弧形的搁板，这样既能避免磕碰，又显得比较宽敞。

整面墙做嵌入式的收纳柜，即将衣柜和电视柜、书桌做一体式设计，能最大限度地利用空间。在卧室内可能要用到的电器有电视、DVD、音响、电脑、电话、加湿器和台灯等。在一体式衣柜设计、施工的时候，要提前设计好电源布线，预留好插口。

2.不同年龄，设计衣柜的侧重点不同

★ 年轻夫妇的衣物比较多，设计衣柜的时候最好能分区设计，将左右两边分别设置成男女方各自的储衣空间。挂衣架通常分为长短两层，分别储存大衣和上装，衬衫除了挂起来，还可以放在独立的小抽屉或搁板上，以免因过多衣物挤压在一起而产生折痕；内衣、领带和袜子可用抽屉或专用的收纳盒存放，既有利于衣物保养，拿取也更直观方便；毛衣可放在较深的抽屉里；裤子最好设计专用的裤架存放。

★ 老年人比较习惯叠放衣物，在设计时建议多做层板和抽屉，抽屉的位置不宜过低，以免蹲下取物不方便。

★ 儿童衣柜要考虑成长空间，以多功能设计为主，玩具、书籍、衣物等儿童用品能同时摆放，实现一柜多用。另外，要考虑儿童的身高因素，儿童常用的物品要拿取方便，不要在儿童头部高度的位置设计抽屉等可以拉出的配件，以免发生碰撞。

3.衣柜整理法则

衣服收纳是卧室最大的难题，别看一件衣服所占的空间不大，如果不加以重视，好好整理，说不定衣服最后会取代你的位置成为卧室的"主人"。

★ 定期清理衣物。衣服越买越多，衣柜却只有那么大，果断处理掉不合身或者过时的衣服，可以送给亲朋好友，或者捐献出去。

★ 学会平衡衣橱，买入量和淘汰量要成正比。

★ 做好分类。做好衣物收纳，首先要做好分类工作，这是对衣柜内部空间进行再分配的基础，也便于今后使用时快速找到需要的衣物。

★ 分区放置。按照衣服分类，分区放置，才能条理清晰。

★ 巧用配件，搭配合适的储物箱、收纳架，这样分类会更加细致。

★ 为衣架"减肥"，把宽衣架全部换成铁丝衣架，衣柜的容量自然就多了。如果担心细铁丝衣架把衣服撑得变形，那么只要把铁丝衣架拉成"O"形，就不怕了。

★ 根据收纳柜的大小、尺寸和内隔板所组成的空间，灵活地变换折叠衣服的方法。

★ 养成良好的习惯，从哪里拿的就要放回哪里去。

4.衣物分类法

★ 按衣服的种类来分，例如大衣、上衣、T恤、小衫、裤子、内衣。

★ 按使用频率来分，四季都可以穿的打底衫以及薄一些的外套可以归一类；当季的和常用的衣服归一类，放在最前面；过季的衣服归一类，整理好并储存起来。

★ 挂杆上的衣服按长短来排序，这样短一些的衣服下面就可以再放一个收纳箱了，收纳箱里可以放一些搭配衣服的配饰。

★ 按季节分类，不同季节的衣服最好不要叠放在一起，容易翻乱。

★ 按衣服的颜色分类，基础色可归一类，艳丽的颜色归一类，花色归一类。

★ 按质地分类，既可以帮助穿着时搭配出较为协调的质感，也能在季节交替时，迅速找到合适的衣服，省时又省力。

★ 常穿和不常穿的衣服也要区分一下。

★ 真丝、棉、绸质地和西装、套装一类的衣物最好是挂起来；羊毛或者针织类的衣服则最好是叠起来放，因为挂久了容易变形；内衣要单独存放；其他面料的衣服只要叠放整齐就可以了。

★ 包最好单独存放。容易变形的皮革类包，收纳时首先要用报纸或废弃的毛巾填充，然后再放入防尘袋中；帆布类包包可以卷成卷，按颜色深浅码放，既节省空间，又方便取放。

5.正确的叠衣方法

（1）叠衣技巧

正确的叠衣方法不仅可以保护衣服，更能最大限度地节省空间。衣物的叠法多种多样，但是基本的原则只有一个，就是要跟放置的场所相契合，根据要放置的空间叠成不同大小，或者卷起来。

★ 最好将有图案的部分朝上，这样一眼就能分辨出是哪件衣服。

★ 同一收纳空间的每件衣服尽可能折出同样大小的尺寸，将平整的那一方朝外放，看起来才整齐，也能更有效地节省收纳的空间。

★ 找一本杂志垫在衬衣领子下面，就能迅速地叠出漂亮的衬衣。

★ 针织衫应卷起来，如果悬挂收纳的话比较容易变形，所以针织衫收纳要比其他衣服考究得多，最好是将针织衫卷成圆筒状放入抽屉里面。

（2）不同衣物的折叠方法

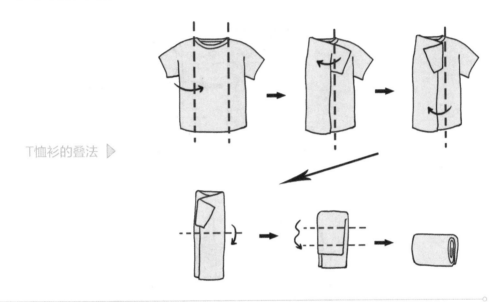

T恤衫的叠法 ▷

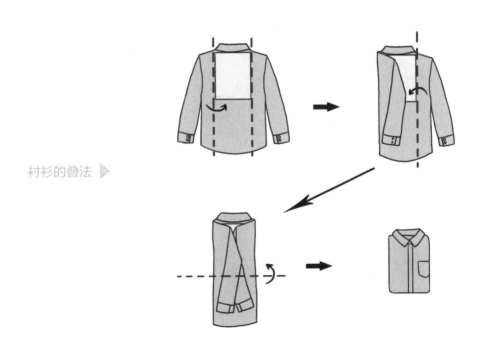

衬衫的叠法 ▷

连帽衫的叠法 ▶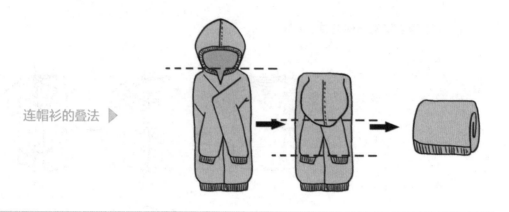

吊带的叠法 ▶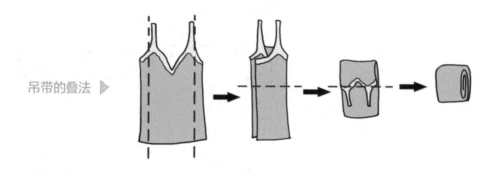

不规则衣服的叠法 ▶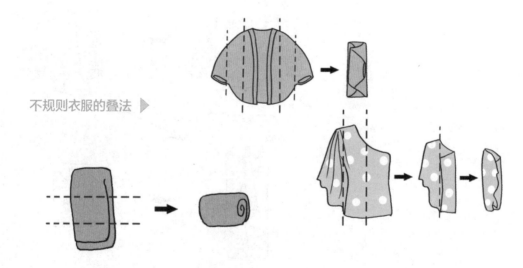

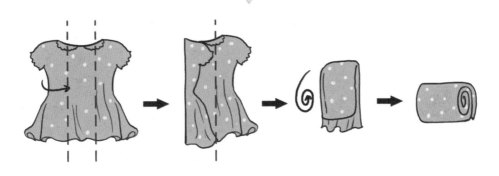

蓬松毛衣的叠法

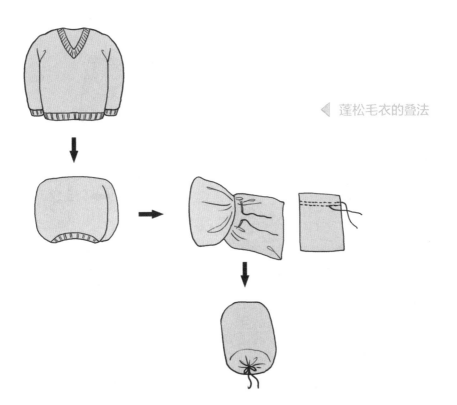

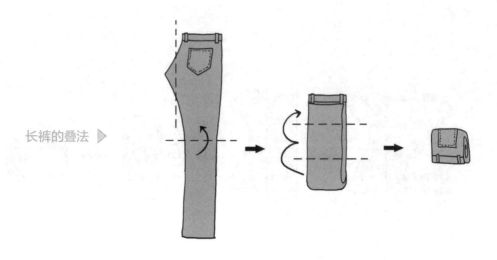

长裤的叠法 ▶

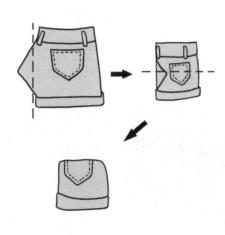

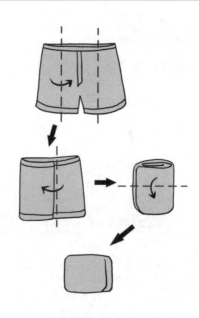

短裤的叠法

厚面料短裤的叠法

袜子的叠法
▽

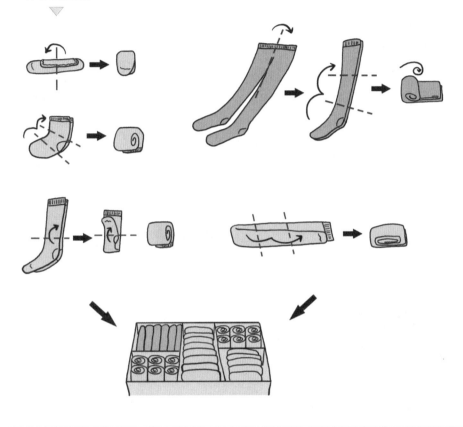

6.衣柜收纳小工具

　　衣柜总是感觉乱糟糟的，找衣服的时候总是找不到，总感觉衣柜太深，从后面拿件衣服还要把前面的搬出来，一不小心叠好的衣服就弄乱了，应该借助什么工具比较好呢？

（1）抽屉柜

在衣柜里再增加一个抽屉柜，可以用来收纳常穿衣物，例如T恤、针织衫、背心、小衫、长短袖衬衫等，利用抽屉隐藏式的空间收藏起来。每一层抽屉摆放相同类型的衣物，这样分门别类，就不会发生总是找不到衣物的尴尬情况了。

（2）分类储物格

衣柜本身所附带的抽屉，最好用来收纳一些零星的小配件，如皮带、袜子、丝巾、领带。这些小东西在收纳时，最好装在比较浅的抽屉当中。另外，可以折叠的睡衣、羊毛衫等也可以放在抽屉里。

抽屉空间尺寸限制较大，如果收纳过多的杂物，打开就是一团糟，最好购买几个内部储物格，让不同类型的物品分开放，条理就能更清晰，抽屉空间也一下子被扩容了。

（3）多层收纳衣架

通常能够帮助衣柜空间扩容的工具都是能多层次利用空间的设计。这款多层衣架也不例外，它改变了衣物平挂的模式，横杆上可以挂丝巾，凸起的挂钩可以挂普通衣架，或者直接挂小饰品、轻便的包包等，它让衣物错落有序，各居其位。

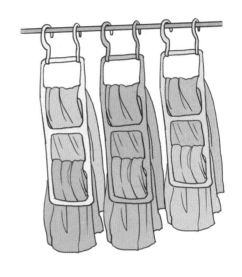

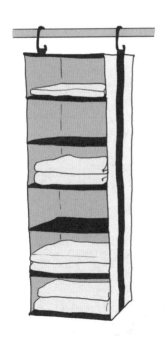

（4）多层悬挂收纳格

这种能挂在挂衣杆上的收纳格有不同大小、层数可选，适合挂在衣柜内的横杆上，用来平放一些小件衣物，如T恤、小背心等。折叠成筒状，就能塞入细长型的多层次收纳架，这样既能很好地利用空间，又让衣柜整齐有序。

（5）真空压缩袋

棉被、棉衣、羽绒服等过季物，长期不需要使用，但是却因为体积庞大，占用了衣柜的大量空间，这时候真空压缩袋就能发挥极大的作用了，使用压缩袋可以帮衣柜节省出四分之三的空间。当然，使用真空袋也要特别注意一些问题，例如，像高级毛料、真丝衣服这一类易皱而且难以恢复的衣物就不适宜用真空压缩袋存放。

（6）金属分隔架

市面上常见的简易金属鞋架可以用来分隔大面积的衣柜空间，再配合一些储物盒进行分类收纳。

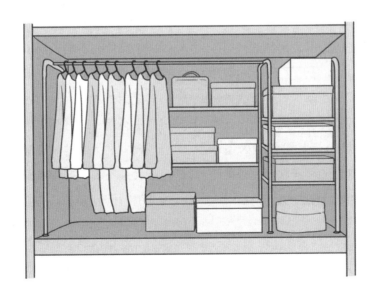

（7）各种储物篮

哪里有多余的空间，储物篮就可以安插到哪里，大大提升了空间的实用性。卧室里的物件也不少，除了大件物品的收纳，零碎物件更是需要一个安身之所。这样的储物篮就是收纳必备单品，无论是在衣柜的哪一部分，都能随意安放，灵活收纳，既方便又实用。

（8）衣服防尘罩

衣服挂在衣柜长期不穿很容易落尘或者受潮，也有一些家庭使用的是没有门的简易式衣柜，这时衣服防尘罩就显得特别有用了。选购防尘罩时，一定要量好尺寸，大小要准确掌握，不然衣服可能会装不下，或者装得不是很平整。挑选的时候把要装入防尘罩的衣服拿出来，量一下最长的衣服尺寸，按这个尺寸购买就可以了。

（9）收纳盒

　　小巧的收纳盒，绝对是收纳小物件的好帮手。只是用层板简单分隔，等到用的时候，发现层板之间并不能百分百利用，衣服摞得太高，找的时候也非常不方便。如果无法改变层板的位置，建议购买各种收纳盒，塑料的用来放零碎物品，棉布质地的可盛放衣物，以尽可能弥补缺憾，让衣柜内部空间发挥更大的收纳效用。

（10）内衣收纳盒

　　为自己的衣柜配备一个内衣收纳盒是非常重要的，有了内衣收纳盒，内衣就可以按照由薄到厚、从外到里的顺序排列。罩杯以"自然状态"排列，以保护内衣不变形。也可以用硬纸板把抽屉分成适合内衣存放的一个个小格子来存放内衣，效果也是一样的。

（11）多功能环形衣架

挂饰、丝巾、围巾等，全部放在储物盒里容易缠绕在一起，分别用普通衣柜挂起来又占地方。用这种环形衣架，可以将它们巧妙分开，方便拿取，又不占用地方。

（12）衣柜门后可设置挂钩

衣柜扩容，不要只盯着内部空间，衣柜门也是可以利用的。无论你的衣柜是否安装门板，都可以使用挂钩挂衣服。没有门的可以固定在层板上，有门的可以直接安装在门板上。我们还可以把第二天准备穿的衣服提前搭配好挂在衣柜门后，早上的时候就不会手忙脚乱地搭配衣服了。

四、梳妆区**收纳**

在卧室设置梳妆区，便于梳妆完了再离开卧室。另外，梳妆台还可以同时当作穿衣镜使用。梳妆镜的家具主要包括梳妆台和椅子，镜子可以单独摆放或者悬挂，也可以和梳妆台组合在一起。但是梳妆台的镜子最好不要正对着卧室的门口或者床铺，以免在不清醒的状态下被镜子里的光影吓到。梳妆区要保证极好的照明效果，最好靠近窗户，在日光下梳妆，妆容会更自然，同时还要再搭配台灯、壁灯等辅助照明设施。

不是每个卧室都有足够的面积去容纳一个独立的化妆间，针对这种情况，建议选择功能叠加的梳妆台。例如，在设计的时候将写字台和梳妆台的功能合二为一，这样既可以满足梳妆的基本需求，又可以兼顾工作与学习。

如果你只需要做一些简单的护理，那么一个简单的化妆空间就足够了。在床头放一张小桌子、一把椅子、一个镜子和一盏台灯，也许就能满足你的需求，这种方法非常适合用在小空间的卧室里。

小首饰除了放进抽屉、首饰收纳盒，还可以像装饰画一样挂在墙上，那么用的时候会更加方便。

梳妆台收纳小技巧：

★ 巧用收纳盒。市面上有很多功能设计比较合理的收纳盒，可以将化妆品和化妆用具分类摆放。购置一个自己喜欢的收纳盒会让梳妆台整洁很多。

★ 还可以用化妆品自带的包装盒或漂亮的糖果盒、月饼盒DIY一个收纳盒。如果盒子很多，就在盒子的外面用标签标注一下盒内的物品种类及名称，这样在找的时候就更加方便了，如果嫌麻烦建议选择购买透明的储物盒。装牛奶、布丁的玻璃瓶可以用来收纳一些细长的物品，比如化妆刷、眼线笔等。

★ 化妆台的凳子可以选择带收纳功能的，掀开就可以放未开封的化妆品，吹风机、卷发棒也可以放在里面。

★ 不常用的化妆品放在最里面，常用的放在外面，长条形的工具，如梳子、按摩棒还可以用来分隔空间。

★ 首饰分类后放在一个抽屉，或者当装饰品悬挂起来。

★ 未使用的化妆品放在梳妆台附近，这样方便查看自己已有的化妆品，并及时检查缺什么或哪些快过期了。

五、其他**空间**

现在多数的房间都带有飘窗，我们可以利用飘窗下面的空间，做一排地柜用于收纳，上面可以垫上一张柔软的坐垫，配上色彩缤纷的垫子，这样就可打造出一个舒适的休闲空间。

梁柱形成的凹位，可以设置几块搁板做成一个书柜或是收纳包包、帽子的收纳柜。

如果还有空余的墙面，可以在墙边放一个多层收纳架，摆放一些书籍或者工艺品。这种收纳架不占空间，且收纳能力强。

卧室门后空间也不能浪费，几个挂钩，一个收纳袋，就能充分利用门后的空间。

儿童房收纳 ·
让家长省心省力

儿童房是孩子的卧室、
学习和游戏空间，
除了要做到一般的收纳效果外，
还应增添有利于孩子观察、
思考、娱乐的设计。
在儿童房的装饰品、
收纳家具方面，
要注意选择一些富有创造力和
教育意义的多功能产品。

一、儿童房空间该如何**收纳**

孩子常常会把自己的房间弄得乱七八糟，家长在发脾气之前应该要重新厘清自己的思路，站在孩子的角度去观察儿童房的布置是否合理，想办法让孩子自己动手把房间收拾得井然有序。

1.选择合适的家具

首先我们要明确儿童房的实际功能，为孩子们选择适合的家具，当然更重要的是教给他们收纳的方法，并且尽可能培养他们的收纳意识。

2.功能多样化

儿童房收纳应该尽可能地功能多样化，将房间划分为学习区和休息区。学习区的收纳重点在于对工作台的合理利用，休息区最重要的是安全舒适。另外，玩具的收纳也是儿童房收纳的重头戏。

3.培养兴趣

如果是女孩子房间可以选择一些可爱的收纳小物件，再用一些卡通标签做记号，方便孩子拿取物品。男孩子往往没有整理房间的习惯，迅速便捷的收纳方法就显得特别重要。另外，儿童房的收纳用品最好体积小、方便移动，以便能迅速为孩子整理出足够的游戏和娱乐空间。

二、儿童房家具选择**注意事项**

🍃 儿童房家具摆放要平稳坚固，家具要少而精，最好是多功能、组合式的，才能更合理巧妙地利用室内空间。

🍃 家具应尽量靠墙壁摆放，以扩大活动空间。书桌应安排在光线充足的地方，床要离开窗户。

🍃 常用的玩具和书籍最好放在开放式的架子上，家具的高低要适合儿童的身高。

🍃 家具要具有成长性，由于宝贝很快就长大了，因此购买儿童家具时不要只看当下，要考虑到孩子未来成长的需要，购买孩子能够长期使用的家具。

🌿 家具的颜色最好选择中性的，这样无论是男孩、女孩以及多大的孩子使用都不会觉得突兀，很好地延长了家具的使用寿命。

🌿 书桌、椅子的高度最好是可调节的。这样，不仅可以使其使用长久，更对孩子的用眼卫生及正确的坐姿培养和脊椎发育有益。

🌿 家具安全最重要，要买边角圆滑的桌椅；组件要牢靠；折叠式的桌椅上应设置保护装置，避免夹伤孩子；尽量不使用大面积的玻璃和镜子；电源插座最好选用带有安全插座保护罩的。

总之，好的儿童家具应富于变化，易于配套，还要在设计上充分考虑到孩子的成长性。

三、儿童床区**收纳**

儿童房通常面积比较小，但是杂物可一点都不少，杯子、玩具、换洗的衣物、零乱的小用品，如果不好好归置，不仅会浪费空间，还会造成安全和卫生隐患。这时候，卧室的最大家具——床，就起到重要作用了。床上、床下、床头、床尾、梯子，只有你想不到的地方，没有做不到的收纳。

儿童的玩具、衣物都特别多，因此，购买儿童床时应注意收纳功能。床下带有抽屉、收纳柜的儿童床是不错的选择，里面既可以收纳衣物也可以放些小玩具，还可以塞一些被褥，可将不常用的东西都放在里面。

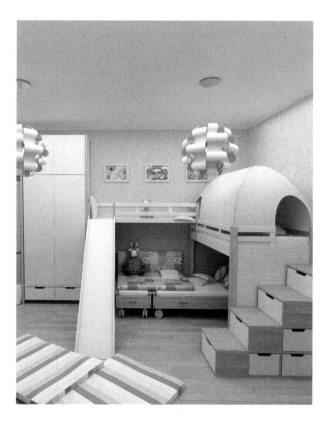

床作为大件家具不可能经常更换，但孩子是不断成长的，如果想选一张能够满足孩子各个时期需要的儿童床，那么选择床头、尾板可折叠，能调节拉长的床不失为明智之举。

如果家里有两个孩子，那么选择一张双层床是最为节省空间的方法了。只有一个孩子的家庭也可以选择双层床，下层供宝宝睡觉，上层可堆放各种玩具、杂物。最好选择那种可以把床板掀开的，那么过季的棉被、羽绒服等极占空间的物品，就可以收纳在其中了。但对于年龄小又爱动的小朋友来说，双层床似乎有些危险，最好选择带有护栏的双层床。

四、玩具**收纳**

　　将游戏区融入儿童房是每一个家长都应该考虑的问题，我们最好把玩具放置在柜子、篮子和筐子里面，这样孩子就能自己把玩具拿出来，同样方便他们自己收纳玩具。

　　儿童房的飘窗下面最好做开放式的收纳柜，搭配一些储物篮，这种一目了然的设计，可以清晰地告诉孩子如何收纳自己的物品，让孩子的玩具收纳工作变得轻而易举。在规划儿童房的收纳时，最好让孩子也参与其中，从小培养孩子的收纳意识。

如果有一整面墙壁可以做收纳设计，最好分成两部分来设计。一部分做成带柜门的封闭式收纳柜，一部分安装开放式的搁板，这样就能把一些杂物隐藏起来，搁板上面则可以摆放一些玩具，张贴孩子的创意作品和展示孩子得到的奖励。

孩子一年一年地长大，他们的行为方式也在逐渐地变化，所适用的家具自然也会发生变化。如果按照孩子的成长不断地更换家具的话，不仅造成浪费，而且也不利于培养孩子的收纳习惯，最好的办法就是在儿童房设置一个能够自由组合，可以改变层数和高度的收纳柜，这样就可以根据孩子的成长不断调整该收纳组合了。

五、学习用品**收纳**

　　在儿童房设计中除了床之外，书桌也是必不可少的，儿童房其中一个重要功能就是孩子的学习空间，用来收纳笔记本、教材、文具、书包等学习用品。

　　将床头和书桌连起来设计，那么多层搁板可以存放许多书籍，带抽屉的书桌也可以收纳日常的学习用品。

衣柜和书桌一体化，多功能的书桌和收纳柜可以摆放书籍、电脑和写作业，满足孩子日常学习的需要。

空间比较小的情况下，做封闭式的储物柜看起来更加拥挤，墙面钉上几个搁架就能解决书籍等物品的收纳问题，但是为了安全起见，最好将搁架设置在离床头稍远的地方，以防止书籍等物件突然掉落，造成意外伤害。

六、衣服**收纳**

　　小孩衣服的收纳方法和大人衣服的收纳方法基本是一样的，具体步骤可以参考前面的内容，这里只重点介绍小孩衣服收纳需要注意的地方。

🌿 在做小孩衣服收纳的时候，重点是要让小孩能自己找到想要穿的衣服，脱下来需要清洗的衣服也能够自己放到洗衣篮里面，这样才能培养小孩的自理能力和良好的生活习惯。

🌿 小孩的衣服要比大人的短得多，有需要的话可以在衣柜设置三层的挂衣架，孩子长大后，再将挂衣架减为两层，并在挂衣架下方放置收纳箱，收纳一些杂物或者过季的衣服。

🌿 不经常穿的衣服挂在最上边，经常穿的挂在中间，类似款式的衣服最好挂在一起，且按颜色分类整理好，这样看上去整齐，找起来也会很方便。

🌿 冬天的外套通常都会连续穿上几天，可以将需要穿的外套挂在门后的挂钩上。

🌿 小孩的身体长得很快，很多衣服还很新却已经穿不下了。这时我们可以把穿不下的衣服清洗好，收到箱子里，放到隐蔽的角落空间保存起来，在适当的时候送给其他的小孩儿或者留给弟弟、妹妹。

书房收纳·
还你一个专注空间

书房读书、工作的功能决定了
这个空间的氛围必须整洁有序、安静沉稳，
这样才不会令人心浮气躁，
但过于沉稳的设计也容易
使人产生沉闷、阴暗的感觉，
反倒不利于思考。
因此，
这个特殊的空间不妨来点特殊的设计，
使书房干净舒适的同时充满创意和乐趣！

合理规划书房空间

　　在布置书房之前，我们首先要明确书房需要什么功能，然后进行分区布置，特别是对从事文教、音乐、设计、写作等工作的人群，应该以最大程度方便其工作为设计的出发点。书房布置需保持相对的独立性，从功能上划分一般包括以下三个部分。

1.工作区

　　这是书房的中心区，应该处在相对稳定且采光较好的位置，这一区域主要由书桌、工作台、座椅等组成。

2.接待交流区

这一区域因书房的功能不同而有所差异，同时也受到书房面积的影响。面积较小则在书桌对面放两张座椅即可围成一个交流区，小型会客、商讨都不成问题；面积较大，则可用沙发或座椅组成独立的会客区，与工作区分开。

3.储物区

这是书房不可缺少的重要组成部分，通常都会摆放一个书柜，将书刊、资料、文具等物品都安置于此。当然储物区并不是和另外两个区域分开的，而是紧密地联系在一起的。

二、如何扩大书房收纳**面积**

　　普通家庭的书房面积一般都不会很大，因此书房空间就显得更加珍贵，如何巧妙地、最大限度地利用书房的每一寸空间，成了人们最头疼的事情。其实，利用空间最好的方法就是扩大存储面积，如果能想办法把书房存储面积扩大，那么最大限度地利用书房，将不再是难事。

1.巧用榻榻米

　　地台可以创造大量的收纳空间，小面积的书房可以做成榻榻米的形式，再结合书桌和书柜，就变成了一间集书房、客房、茶室、儿童游戏房等功能于一体的多功能房了。

2.书柜到顶

　　拥有一整面墙的书柜是很多爱书人士的梦想，虽然书柜上部利用起来不是很方便，但如果藏书多，书柜到顶还是很有必要的。书柜的层板要能调节高度，以适应不同尺寸的书籍，在摆放书籍的时候要依照使用频率分类摆放，最上层摆放不经常使用的书籍；中间那层放经常翻阅的书籍；下面的空间可以根据需求考虑做收纳柜，储存其他物品。

3.书桌书柜一体化

通过书柜和书桌的组合定制来提升收纳空间，可以避免因为成品的尺寸大小跟空间不符，而造成空间浪费。同时，在书桌、书柜上摆放一些精美的收纳盒，可以让书房看起来更加整洁美观。

4.窗台书桌

　　窗台的光线是最充足的，如果是飘窗，还可以和侧面墙壁连起来设计，在拐角设计电脑桌、书架、书柜，这样就可以打造一个学习区，最大限度地利用空间。将窗台设计成书桌除了要注意预留出放脚的位置令就座更舒适以外，最好安装厚实一些的窗帘，以免阳光直射造成电脑屏幕反光和对眼睛的伤害。

5.窗边书柜

　　除了窗框两侧可以做书架，窗框的顶部也可以做成置物架，摆放不常用的书或者摆放一些漂亮的收纳盒，这也能增加不少收纳空间。

6.转角书柜

拐角的"L"形书柜，形状完全贴合墙角，可作为连接单元，连接两个普通书架，这样既保证了藏书空间的整体性，又将原来的死角利用得恰到好处。

三、书房收纳**好帮手**

（1）大容量书柜

如果你是一个喜欢读书、喜欢收藏书的爱好者，或者热衷于收藏一些唱片、小工艺品，那么可以选择这样一款大容量的书柜来进行收纳。

（2）收纳篮

开放式的书柜最下层的空间如果摆放书籍，取用起来并不是很方便，可以结合储物篮存放一些杂物，用的时候直接把储物篮拿出来，会便利很多。

（3）书柜增容

家里有大型的书柜，为了最大限度地利用空间，可以在书籍摆满之后，再利用各个隔板之间的空隙存放物品。但是物品直接摆在书籍上面会给书籍的取阅带来不便。我们可以将两个挂钩固定在书架的两侧隔板上，再将带把手的储物篮固定在上面。储物篮和书的组合还能带来不一样的视觉效果。

（4）书籍分类收纳法

按尺寸分类，将相同尺寸的书放在一起。

按照书籍的名称，将同系列的书放在一起。如果想让书柜变得更漂亮，不妨尝试着按书脊的颜色来分类，同色系同尺寸的书籍放在一起，远远地看上去好像一道彩虹，别有一番趣味。

另外，将读完的书和没有读过的书分开摆放，常用的工具书也要单独存放。

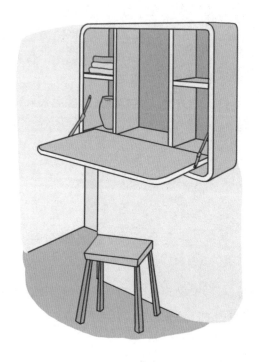

（1）壁挂式书桌

　　打开柜门就是书桌，关起来就是一个简洁的吊柜，特别适合安装在狭窄的空间里，吊柜里设有层板，可以存放常用的办公用品。

（2）多功能书挡

　　书桌上常常因为放置了太多零碎的物品而显得凌乱不堪，这时在书桌上搭配一些收纳小工具，就会立即让书桌变得整齐有条理，如一个多功能的书挡，可以帮助整理和摆放需要随手翻阅的书籍。

（3）利用书本分隔空间

　　不同类型的书要想分开摆放，又没有合适的书挡，动动脑筋就可以让原本单调的收纳方案变得不一样了！首先将想分类摆放的书按相同尺寸分类，再挑出合适尺寸的书本挡在中间，一个简易的书挡就出现了，是不是简单又实用。

（4）搁板

　　如果书房面积不大，为了能放更多的东西又节省空间，巧妙地利用搁板在墙面上做"文章"就很有必要，如果在狭窄的空间做封闭的收纳柜，柜体自身的材料厚度会让空间更加狭窄了，搁板安装简单，既节省成本又节省空间。

（5）挂钩

合理的功能划分，可以为书桌真正"减压"。书桌边角经常被我们遗忘，其实书桌边角的利用也非常重要。挂钩是节省空间的高手，在书桌的侧面粘贴挂钩，悬挂收纳篮，就能充分利用书桌的竖向空间，对细碎的零散杂物进行归类。

（6）收纳挂袋

带有多个口袋的收纳挂袋不仅能容纳许多东西，还能让经常丢弃在书桌上的小工具各归其位。把它挂在书桌侧边或者对面的墙面上，让你不用再为找不到急需的用品而懊恼，它更适合存放一些轻便的随手要用的物品。

（7）多孔金属板

多孔金属板是不可多得的墙面收纳工具，用在书桌附近的墙面更能发挥其强大的收纳功能，它不但能将形形色色的物品挂在上面，还能将具有磁性的物品吸附在上面，真正做到一物多用，而且金属结实耐用，不容易毁坏。

（8）各种颜色的文件夹

要让打印的资料和文件有条理地摆放在书柜上并且便于查找，就一定要借助工具来帮忙，各种颜色的文件夹可以给书房带来充满活力的视觉效果。

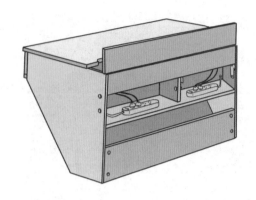

（9）电源收纳

在书桌的背后设计一个空格，把电脑后面的多根电源线收集在一起，汇集到书桌走线孔处，和接线板一起收纳起来，那么书桌上电源线和接线板的问题便解决了。

（10）吊柜

长长的书桌占据了半面墙壁，如果上面再做书柜会显得比较压抑，空着的墙面可以安装一个小尺寸的艺术吊柜来增加收纳空间。这种多功能的吊柜，可以将桌面的部分杂物移到墙上，不仅节省了空间，也美化了墙面。

（11）带滑轮的小型收纳柜

大书柜固然容量大，但并非什么都适合装，一些小东西放在里面很容易就被埋没，而且还会浪费很多空间。一个带滑轮的小型收纳柜便能解决这种问题，多层抽屉的设计能有效地保证书房整洁，而且移动方便。

阳台收纳·
不浪费每一寸空间

一般情况下阳台都不会很大，
在这个空间里，
既要满足家人活动的需求，还要晾晒衣物、
堆放杂物以及种植花花草草，
如果空间分布没有条理，就会显得很混乱。
但如果布置方法合理，
就可以巧妙地实现阳台收纳最大化，
节省空间的同时
也会让阳台变成一道美丽的风景线。

一、阳台装修与收纳**技巧**

阳台装修要做好防水

阳台装修首先要注意门窗和地面的防水，门窗密封性要好，地面要确保有坡度，排水口位于低的一边，且阳台和客厅至少要有2~3厘米的高度差。

利用阳台要注意安全

不能在阳台上堆放过于笨重的杂物，一般的阳台承载力每平方米为200~250千克，如果堆放的物品超过了设计承载能力，就会降低安全系数。花盆不应摆放在阳台栏杆的台面上，以免不小心掉下去砸伤人。

尽量减少杂物堆放

阳台的装修以清爽干净为主，要保持整洁，不要胡乱地堆放杂物。布置最好采取干湿分离、专区专用的原则。先分配好洗衣机、晾衣架等不能随意移动的大件物品的位置，然后再分别安置可移动的小物件。洗涤剂、洗衣篮之类常用物品放在方便取用的地方。另外一些很少使用的杂物则可以放在密封式储物柜中，利于保存。

二、阳台空间利用**大不同**

　　阳台的具体使用功能要根据它的面积和在建筑内所处的位置来决定，与客厅或卧室相连的阳台通常面积相对较大，一般可以作为观景房或者休闲空间，甚至改造成小型书房或健身室；而与厨房或餐厅相连的工作阳台面积相对较小，大多用来储物、洗衣、晾晒。

1.阳台变身书房

　　许多小户型的居室，都不设有单独的书房或工作间。如果把阳台与客厅打通，在阳台一侧靠墙设计书桌和书架，阳台就可以成为崭新的书房而加以利用了。白天拉开窗帘一点都不影响客厅的采光，晚上拉上窗帘又是一个静静的小书房。这样既可以每天都晒到太阳，又可以在阳光下工作，无论是上网或是看书都很舒适。但是强烈的光线会造成视觉疲劳，因此建议设置双层窗帘。

2.阳台变身洗衣房

　　一般中国式的阳台除了方便人呼吸新鲜空气，进行户外锻炼以外，还担负着洗衣晾晒的功能。可以在阳台靠近墙面的一边，量身定做一个大尺寸的收纳柜。由于阳台多为开放式，容易受到日晒雨淋，所以最好采用砖石或者防腐木的材质做收纳柜，嵌入洗衣机和洗手盆，上面可以做吊柜或者搁板，收纳清洁用品或者种花花草草的工具，搁板上则可以摆放各种各样的绿色小盆栽。

3.阳台变身储物房

　　如果阳台紧靠厨房，我们可以利用阳台的一角建造一个储物区，存放蔬菜、食品或不经常使用的餐厨物品。但一定要注意遮光、防潮，以保证食品不会因日晒和水汽而发生霉变。如果靠厨房的阳台面积比较大，就可以放置少量的折叠家具，供休息、聚餐时使用。

4.阳台变身儿童游戏区

如果阳台和儿童房相连，为了安全，最好将阳台打造成封闭的空间，改造成孩子的玩耍区。靠墙的柜子里可以摆放各种玩具或者书籍，既能把孩子琐碎的杂物都归类收纳好，又能为孩子营造一个健康舒适的玩耍空间，增加许多亲子互动，同时还能让孩子充分享受到阳光的照射。

除了以上几种情况，还有许多有两个阳台，并且养着小宠物的家庭。可以把家中较大的、保暖性比较好的阳台，改造成宠物的活动区，把宠物窝放在阳台上，这样宠物既能呼吸到新鲜空气，又不会影响主人睡眠。

三、阳台收纳小工具

1.洗衣机置物架

洗衣机上面的空间如果不好好利用就可惜了，我们可以在洗衣机上面安装层板或者不锈钢置物架。如果不想在墙面上钉钉子，那么这种金属置物架是很好的选择，可以买专门为洗衣机设计的置物架，也可以买普通的多层金属置物架，购买前要量好阳台和洗衣机的尺寸。

2.塑料收纳箱

朝向、采光不太理想的阳台最适合改造成小型的杂物间使用，搭配可折叠的透明塑料箱，可以收纳许多杂物。透明的塑料箱有大有小，最好在箱子上贴一个标签，备注收纳明细，在找寻物品时就不用翻箱倒柜了。

3.多用挂钩省空间

当平面空间有限的时候，我们不妨将视线转向垂直空间。挂钩一直是在各种空间都能轻易发挥收纳作用的"小神器"。墙上多安置几个挂钩，将扫地、浇花用的水壶等小物品挂在墙面上，既能节省平面空间，又方便取用。

4.阳台植物收纳架

几乎每个家庭的阳台上都会养上几盆花花草草，通常会将它们直接摆在地上，这样会占用很多的空间。不如将它们悬挂起来，或放在花架上，或固定在窗台、墙面，或悬挂在栏杆上，这样我们欣赏的视点也从地面升到半空，更符合我们的视觉习惯，植物在阳光的映照下也会显得更加迷人。

5.折叠式晾衣架

多数时间我们都需要在阳台上晾晒全家人的衣服、被褥，高高的晾衣架不太方便，不妨添加一个可随时收放的折叠式晾衣架，平时可以折叠起来靠在墙边不占空间，需要时可以随时打开。

6.外伸型晾衣架

如果阳台空间还是不够用，没关系，我们可以利用大楼外墙的空间。外伸型的晾衣架就充分地利用了大楼外墙的空间，需要时可以推开两三层来晾晒衣服，不需要的时候就可以收缩成紧贴大楼外墙的一层。如果是在多雨的南方地区，最好安装一个遮风挡雨的雨棚。当然，利用外伸型晾衣架必须是在合法、合理、不影响他人的前提下使用，如果只是为了增加一点可用空间而破坏了邻里关系就得不偿失了。

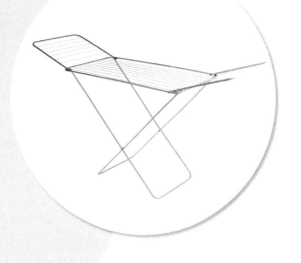

7.储物坐凳

开放式的阳台让我们享受到难得的户外空间，阳光、空气和绿植都是我们可以尽情享用的元素。那么在阳台添置一两张坐凳就是必不可少的了，为了满足收纳的需求，我们可以选择有收纳功能的坐凳。

四、封闭阳台的**利弊**

　　阳台封闭与否，各有所见。按阳台的功能来分，封闭阳台意味着失去阳台本来的使用功能，尤其是南向阳台。封闭阳台仅仅是扩大了室内使用面积，一旦遭遇意外，将失去一个良好的救生通道。此外，封闭阳台将为盗窃者提供由阳台向上攀登入室行窃的途径。

　　然而，封闭阳台也有其有利的一面，用塑钢配合双层玻璃既可隔绝或减少城市噪音对室内环境的干扰，又有利于室内空间良好小气候的创造（阳台封窗，内侧装落地门），还可以减少空调负荷，节约能源。所以，阳台封闭与否，应根据具体情况而定。